高频地波雷达电离层回波机理研究

杨旭光　著

哈尔滨工业大学出版社
HARBIN INSTITUTE OF TECHNOLOGY PRESS

内 容 简 介

本书主要研究对象为高频地波雷达接收到的电离层回波,对其分别从物理机制、传播路径、特征提取、参数反演等不同角度开展了全面深入的理论分析及仿真模拟,并结合实测雷达数据进行验证。

本书既可作为从事高频天波雷达、高频天地波雷达及高频地波雷达技术研究等相关领域的科技工作者的参考用书,也可作为高等院校电子信息工程、高频电波传播等学科的高年级本科生、研究生的参考用书。

图书在版编目(CIP)数据

高频地波雷达电离层回波机理研究/杨旭光著. —哈尔滨:哈尔滨
工业大学出版社,2021.1
　　ISBN 978 - 7 - 5603 - 8934 - 9

　　Ⅰ.①高…　Ⅱ.①杨…　Ⅲ.①高频-变频雷达-电离层-
雷达回波-研究　Ⅳ.①TN95

中国版本图书馆 CIP 数据核字(2020)第 124528 号

策划编辑　甄淼淼
责任编辑　李长波　王会丽
封面设计　刘长友
出版发行　哈尔滨工业大学出版社
社　　址　哈尔滨市南岗区复华四道街 10 号　邮编 150006
传　　真　0451-86414749
网　　址　http://hitpress.hit.edu.cn
印　　刷　哈尔滨圣铂印刷有限公司
开　　本　787mm×960mm　1/16　印张 15.25　字数 290 千字
版　　次　2021 年 1 月第 1 版　2021 年 1 月第 1 次印刷
书　　号　ISBN 978 - 7 - 5603 - 8934 - 9
定　　价　49.80 元

前　言

　　高频地波雷达是一种利用高频段(3～30 MHz)垂直极化电磁波沿海面绕射传播的物理机制而实现海态遥感与超视距目标探测的新体制雷达,不仅可从海面散射回波信号中提取浪高、洋流及风场的速度与方向等丰富的海洋环境信息,还可对视距外的海面舰船及低空飞行目标实施有效监测。此外,高频地波雷达还具有反隐身、抗反辐射导弹、造价低等特点,是一种性价比高的早期预警雷达。除军事用途外,高频地波雷达还可对 200 海里范围内的专属经济区实现全天时、全天候监测,可弥补我国预警机和沿海岸防雷达的不足,加强海上交通管制,打击非法走私舰船,有助于国家对领海资源监视能力的综合提升。

　　虽然高频地波雷达具有以上广泛的应用前景,但受高频电台干扰、路径衰减、风浪损耗以及电离层扰动等影响,雷达探测性能大幅降低。在雷达回波中,电离层回波强度远胜海杂波和目标回波,是制约整个高频地波雷达探测性能的瓶颈。电离层回波不仅与雷达系统参数及信号处理的过程有关,还与电离层本身独有的分布特性有关。电离层回波抑制技术很大程度上取决于对电离层物理机制的科学理解,因此加深对电离层回波机理的认识将会有助于电离层回波抑制技术研究的突破。

　　本书紧密围绕高频地波雷达电离层回波机理这一核心关键科学问题展开而成,共 8 章。第 1 章为绪论,简要概述高频地波雷达的发展史及电离层回波特性综述;第 2 章介绍电离层物理特性及高频电波在电离层中的传播机理;第 3 章以威海雷达站收发天线为例,仿真高频地波雷达天线系统对电离层回波传播路径的影响,并联合垂测仪对电离层开展观测研究;第 4 章基于距离－多普勒谱,提取电离层回波,并对电离层实高及 F_2 层临界频率进行估计反演;第 5 章对面散射及体散射下电离层距离方程进行推导,并对电离层特征参数进行反演研究;第 6 章基于高频电磁散射理论对垂直向及中低纬后向散射天波传播路径的电离层回波进行建模,并对众多参数进行仿真分析;第 7 章对 2016 年“鲇鱼”和 2018 年“温比亚”台风期间的电离层进行观测分析,对台风－电离层关联机理进行探索性的研究;第 8 章为本书结论。

　　需要说明的是,本书采用的所有实测数据均来自哈尔滨工业大学(威海)雷达站。该站建于 20 世纪 80 年代,为中国科学院院士、中国工程院院士、国家最高科学技术奖获得者、哈尔滨工业大学刘永坦教授所创,是我国首部高频地波雷达实验站,同时也是工业和信息化部"对海监测及信息处理"重点实验室的外场实验基地。经过 30 多年几代人的艰苦不懈努力,该站在高频地波雷达方向开展了大量理论与工程技术研究,并取得了众多开创性成果。本书的主要内容即为该站电离层回波研究领域的最新研究成果。

全书由杨旭光独立撰写而成。在本书撰写过程中,得到了哈尔滨工业大学(威海)雷达站诸多领导和科研工作者的大力支持。特别要感谢我的博士生导师哈尔滨工业大学于长军教授和权太范教授的指导,以及实验站的王霖玮博士等的帮助。本书的出版得到国家自然科学基金、陇东学院著作基金的资助。在此一并表示诚挚衷心的感谢!

由于高频地波雷达技术发展迅速,加上作者学术水平有限、时间仓促,因此书中可能存在不足与疏漏之处,敬请读者批评指正。

杨旭光

2020 年 6 月

目　　录

第1章 绪 论

1.1 课题背景及研究的目的和意义

高频地波雷达(High Frequency Surface Wave Radar,HFSWR)是一种利用高频(High Frequency,HF)段(3～30 MHz)垂直极化电磁波沿海面绕射传播的物理机制而实现海态遥感与超视距目标探测的新体制雷达[1,2],不仅可从海面散射回波信号中提取浪高、洋流及风场的速度与方向等丰富的海洋环境信息[3,4],还可对视距外的海面舰船及低空飞行目标实施有效监测[5,6]。此外,HFSWR还具有反隐身、抗反辐射导弹、造价低等特点,是一种性价比高的早期预警雷达。除军事用途外,HFSWR还可对200 n mile(海里,1 n mile=1 852 m)范围内的专属经济区(Exclusive Economic Zone,EEZ)实现全天时、全天候监测,可弥补我国预警机和沿海岸防雷达的不足,加强海上交通管制,打击非法走私舰船,有助于国家对领海资源的监视能力的综合提升[7-10]。

虽然 HFSWR 具有以上广泛的应用前景,但受高频电台干扰、绕射路径的能量衰减、海面风浪损耗以及电离层的不规则扰动等影响,雷达探测性能大幅降低。HFSWR 接收到的回波中,不论从回波强度还是持续时间上,电离层回波都远胜海杂波和目标回波。电离层是各向异性、不均匀、色散、非平稳的离化随机介质,虽然各层的电子密度等物理特性参数随季节、昼夜、经纬度、太阳黑子等具有统计变化规律,但实时的电离层环境状态往往具有高度随机特性。不同于高频天波雷达以一定仰角向电离层发射电磁波来实现超视距探测,地波雷达的波束在理想情况下应该完全沿海面传播,然而由于复杂的地面特性、地网尺寸、阵元误差及海风导致的天线运动等实际工程因素,一部分电磁波向上空辐射到电离层,经反射、折射后沿多种传播路径返回雷达接收机。

电离层相当于一个"黑匣子"般的时变滤波器,对照射到的高频电磁波在时域、频域、空域以及极化域进行了复杂的非线性调制,输出即为电离层回波。由于 HFSWR 相干积累周期较长,因此电离层回波呈现一定的多普勒(Doppler)频移与展宽,且展宽程度与信号积累时间、雷达工作参数及电离层实时状态均有关系。在 HFSWR 的距离一多普勒(Range-Doppler,RD)谱中,电离层回波常

出现在 $100\sim400$ km 的距离单元,距离分布范围由反射层的高度及传播路径等决定。由于电离层的时变特性、多层性、电子密度不规则变化以及多径多模效应等物理特性,电离层回波在距离域和 Doppler 域的分布并无规律可言,并且展宽的电离层回波会占据多个 RD 单元,抬高整个检测基底,致使该范围内的目标回波被淹没,从而使雷达系统的目标检测性能急剧下降[11-14]。

电离层回波不仅与雷达参数有关,还与电离层本身独有的分布特性有关。我国 HFSWR 几乎都部署在东南沿海,其上空的电离层处于电离层赤道异常北驼峰两侧(北纬 $5°\sim35°$),属于地理纬度与地磁纬度差别最大的低磁纬区域,电离层结构与变化具有鲜明的地区形态特征:扩展 F 层现象非常严重;本应只出现在赤道和高纬地区的 Es 层频繁出现,并且结构分布复杂;等离子泡活动激烈以及场排列不均匀等。我国独特复杂的电离层结构分布和物理特性,使得 HFSWR 电离层回波影响尤为严重[15,16]。在天波超视距雷达中,往往还配有一套电离层实时诊断系统,包括垂测仪、斜测仪与返回散射仪等,辅助修正传播误差和雷达选频等。但地波雷达中一般没有电离层实时诊断系统,这更为电离层回波的抑制增加了难度。目前,已有众多国内外学者从雷达信号处理的角度,对电离层回波抑制进行深入研究并取得一定进展[17-25],但由于电离层回波的快时变、距离域与多普勒域的不规则扩展,以及空域的无规律性等独特的分布特性,仍然没有一种实际有效的、可以抑制各种形态电离层回波的技术。电离层回波抑制技术很大程度上取决于对电离层物理机制的理解,因此加深扩展对电离层回波机理的认识,将会非常有助于电离层回波抑制技术研究的突破。

此外,对于 HFSWR 超视距目标检测而言,电离层回波是需要抑制的强干扰。同时,电离层回波源自电离层对 HF 电磁波的散射调制,自然也蕴含了电离层的物理状态信息,正如同海杂波会影响目标检测的同时,又蕴含了海洋动力学环境信息。况且电离层回波强度和分布范围都胜于海杂波,因此蕴含了更丰富的电离层状态信息。虽然 HFSWR 距离分辨率较低,但 Doppler 分辨率较高,并且可长时间对电离层进行观测,故可利用获取的电离层 Doppler 分布特征,探测到电离层精细的连续扰动状态。因此本书拟以 HFSWR 电离层回波作为研究对象和有用信源,对电离层回波机理开展基础理论研究,深入探索电离层回波产生的物理机制过程,基于相干散射原理建立电离层回波与不规则体(Ionospheric Irregularities)、行进式电离层扰动(Traveling Ionospheric Disturbances,TIDs)之间的数学模型,进而对电离层特征参数进行反演估计,并对我国东海和渤海台风期间的重力波对电离层扰动响应开展观测研究。其主要研究意义如下:

(1)通过建立 HFSWR 电离层回波数学模型,可量化电离层小尺度不规则体以及大尺度电离层行扰对 HFSWR 目标探测性能的影响,并加深对 HFSWR

电离层回波特性及内在机理的科学认识。

（2）通过对电离层回波机理的基础研究以及电波空间状态诊断，为 HFSWR 电离层杂波抑制技术与最优工作选频提供理论支撑，提升高频地波雷达的探测性能；并有助于未来开展海态－电离层联合遥感机理研究和实验观测。

（3）通过 HF 电波在电离层中传播机理的研究，可为天波超视距雷达（Over－the－Horizon Radar，OTHR）和天地波超视距雷达（Hybrid Sky－Surface Wave Radar，HSSWR）提供选频参考与传播误差修正，确定最优工作频率和传播时延、方位的误差分析，使其与实时电波环境匹配，从而发挥对超视距覆盖区域的优良探测性能。

（4）通过对电离层区域的实时探测估计，可为短波通信提供最佳工作频率、可用频率等通信链路参数，并且可补充完善电离层观测网数据，有助于研究电离层不规则体漂移及电子密度变化引起的 HF 信号相位变化等影响。

（5）通过对台风所激发的内重力波（Internal Gravity Waves，IGW）在电离层中传播时产生的 TIDs 的跟踪观测，探究台风与电离层之间的内在关联物理机制，加深对各种地球物理现象科学规律的认识。

本课题源自国家自然科学青年基金资助项目（编号：61801141）"高频地波雷达电离层物理机理研究"与国家自然科学基金资助项目（编号：61571159）"高频地波雷达海态－电离层联合遥感机理与实验研究"，属于超视距雷达信号处理、HF 电波传播特性、电离层高空物理学以及地球物理学等多领域交叉的科学课题，具有重要的实际工程意义和自然科学探索价值。

1.2　高频地波雷达与电离层探测发展概述

1.2.1　高频地波雷达发展概述

1955 年，Crombie 首次观测到 13.56 MHz 的 HF 段海浪回波 Doppler 谱中的尖锐谱线，并且使用类似于光栅理论中的 Bragg 谐振散射理论，定性揭示了海浪对雷达信号的散射作用，这一发现为 HFSWR 海上超视距探测目标奠定了理论基础[26]。1966 年，Wait 将海杂波一阶峰强度与 Bragg 波列高度联系起来[27]。1972 年，Barrick 使用边界微扰法对海浪一阶回波谱的形成机理进行解释，同年他又对海浪的二阶散射建立了数学模型，这一里程碑式的结果为高频雷达海洋信息探测奠定了坚实的理论与应用基础[3,28]。

20 世纪 70 年代末，美国国家海洋和大气管理局（National Oceanic and Atmospheric Administration，NOAA）研制出第一台用于海洋表面遥感探测的双多普勒高频海洋图雷达(Coastal Ocean Dynamics Applications Radar,CODAR)系统。1983年,Barrick成立了商业公司,推出了市场化的SeaSonde系统,采用中断线性调频连续波体制,距离分辨率为0.3～3 km,角分辨率为1°～5°,可使用不同频段对近、中、远程的海流进行探测,如图1.1所示。该系统被大量布置在美国海岸线上,并且占据了全球85%以上的HFSWR市场份额。与动辄上千米的大型军用高频雷达天线阵列相比,CODAR创造性地使用紧凑的交叉环/单极子天线,具有占地面积大,幅缩小,架设便捷,成本较低,同时还能获取大范围内的海流分布信息的优点,但无法获取风场与浪场的信息[29,30]。在军事应用方面,自1967年起,美国海军联合雷声公司、通用电气公司等企业与研究机构,先后开展了3代HFSWR的研制计划。美国ISR公司为美国海军成功研制出数字化高频地波雷达,并分析了大量的飞机和舰船的RCS特性。1994年,美国海军在Florida建设了一部舰载和岸基的双站HFSWR系统,以开展对于近海及深水区的海流监测。1997年,美军在自卫舰Decatur上进行了地波雷达实验,成功远距离检测到低空飞行目标BQM-74无人靶机。该舰载HFSWR测角精度为1°～2°,距离分辨率为1 km,对低飞反舰导弹的有效探测距离约为37 km,对飞机的探测距离约为75 km,对舰船的探测距离约为150 km。

图1.1　美国CODAR公司的SeaSonde系统

　　1990年,加拿大北方探测公司在Cape Race建立了HF-GWR系统,最大探测距离达400 km,可对海面舰船、飞机、冰山进行实时监测,同时还可获取洋流、波浪等海态信息[31]。2000年,雷声公司与加拿大国防部联合研制了SWR-503系统,如图1.2所示,部署在东海岸,对大型舰船的探测距离为400～500 km,工作频段为3.5～5.5 MHz,除能对200 n mile EEZ内的舰船、低空飞行器与冰山监测跟踪外,还完成了海洋参数的测量任务,为海上安全执法和环境保护等提供帮助。2012年,雷声公司又开始研制下一代新型水上监视系统

IMS,部署于 Nova Scotia,用于对 200 n mile EEZ 海面及低空目标的全天时、全天候探测。

图 1.2　加拿大 SWR-503 系统

英国也是最早开展 HFSWR 研制和实验的国家之一。1982 年,Birmingham 大学在 Anglesea 成功进行了 HFSWR 的实验,探测距离达 250 km 以上,之后在 Hartland 又建立了一座地波雷达站。1987 年,英国与荷兰使用这两部 HFSWR 系统开展了 NURWEC-2 联合实验,获取了海面风向、浪高等参数信息。1994 年,Marconi 公司研发出新一代 S123 和 S124 预警系统,用于对海上舰船和低空飞机、导弹的探测。S123 用于对低/高空监视雷达,发射天线 50 m,接收天线 600 m,工作频段为 6～12 MHz,对低空目标探测距离为 250 km,高空目标探测距离达 500 km,探测精度为 1 km,目标跟踪容量 100 个,发射功率 160 kW。S124 用于对中程飞机和远程舰船的监视,工作频段为 4～7 MHz,对飞机探测距离为 150 km,对舰船的探测距离达 370 km,探测精度为 110 m,发射功率为 32 kW。两部雷达的固态发射机、天线系统和数字接收机均是模块化结构,便于海空运输[32]。2007 年,英国推出 BAE 系统,发射天线阵列长约 100 m,接收天线阵列为 100～800 m,峰值功率为 6 kW,对飞机目标探测工作频率为 10～20 MHz,相干积累时间为 2～10 s;对舰船目标探测工作频段为 8～16 MHz,相干积累时间约 100 s,其装备如图 1.3 所示。

俄罗斯在 1982～1985 年间首先研制出 HFSWR 系统,用于舰船目标监测跟踪,探测距离约 250 km。之后研制出"移动式"收发分置的民用型号"金牛座"系统与军用型号"向日葵"系统,主要用于飞行目标和海上舰船的兼容探测。工作频段为 3～12 MHz,发射功率为 60 kW。"金牛座"系统的最大探测距离为 300 km。"向日葵"系统优于"金牛座"系统 20%～40%,发射天线长 30 m,接收

(a) 雷达集装箱及冷却设备　　　　　　　(b) 雷达天线系统

图 1.3　英国 BAE 系统

天线阵列长 450 m，由 32 单元组成，采用 DBF（Digital Beam Forming）和自适应干扰抑制技术，可同时对消 5 个空间干扰源，使用两台发射机实现海空兼容探测。

澳大利亚自 1970 年开始研制 HFSWR，James Cook 大学的 Mal Heron 教授与其同事最早架设了 HFSWR 系统。1998 年，在 Darwin 部署了 Iluka 系统，用于海面目标的探测跟踪。之后，Daronmont 公司利用 Iluka 系统与 Bathurst 岛上的接收站开展了双基地 HFSWR 实验，实验装备如图 1.4 所示。2008 年，Fabrizio 等人实施了无源 HFSWR 对低空飞行目标探测的实验，该系统利用现有的短波广播电台为发射站，HFSWR 接收目标回波，成功实现超视距无源探测[33]。

图 1.4　澳大利亚 HFSWR 双基地系统

日本于 1988 年在冲绳架设了第一部移动式 HFSWR，采用紧凑的收发装置和钛合金天线，方便运输，可对浪高、洋流、风速等海态进行测量。1991 年，第二代 HFSWR 系统研制成功，除提升了海面洋流探测精度外，还开发了海浪回波谱估计算法。20 世纪末，通信综合研究所又研发出用于远程海洋探测的 LROR

系统,距离分辨率为 7 km,可对 200 km 范围内的海洋表面进行探测,分别安置在琉球群岛的两个岛上,用于对中国东海南部的日本暖流进行探测。

此外,德国、法国等也建立了相应的 HFSWR 系统,性能大同小异,因此不再赘述。

自 20 世纪 80 年代,哈工大在山东威海建立了国内首座 HFSWR 实验站,成功实施了海面舰船与飞行目标的探测实验,实验站如图 1.5 所示,随后又开展了舰载 HFSWR 的实验与研究[34-36]。1993 年,武汉大学研制出 OSMAR(Ocean State Measuring and Analyzing Radar)系统,在广西北海进行了国内首次海态遥感实验,并取得成功,之后推出多个小口径型号[37-39]。2001 年以来,西安电子科技大学对综合脉冲孔径体制的 HFSWR 系统开展研究,已经在山东青岛建立实验站[40]。

图 1.5　哈工大威海 HFSWR 天线系统

从上可见,HFSWR 具有由单基地向分布式、由岸基向舰载、由固定式向机动式、由大型化向小型化的发展趋势,主要用途为海态遥感与目标检测。

1.2.2　电离层探测发展概述

1901 年,G. Marconi 首次在 Newfoundland 实现跨大西洋的无线电信号传输[41]。1902 年,O. Heaviside 与 A. Kennelly 提出大气层中存在导电层的假设,并将其命名为"Kennelly — Heaviside layer"[42]。1924 年,Appleton 与Barnett 等开展了验证实验,即垂直向上发射不同频率的连续波,并且接收到回波信号,证实了该导电层的存在。由于电离层探测研究与通信、定位、制导和遥测等有着密切的关系,因此受到各国的高度重视。近百年来,电离层探测技术有了飞速的发展,其设备日臻完善,呈现多元化、网络化趋势,主要探测手段有地面无线电、火箭、卫星等。

地面无线电探测可分为垂测仪、斜测仪、相干散射雷达、非相干散射雷达等,主要用于下电离层(低于 NmF_2 部分)的探测。1925 年,G. Breit 和 M. A. Tuve 独立发明了电离层垂直探测装置(Ionosonde)[43]。垂测仪是目前电离层探测中最成熟经典、使用广泛的技术,其使用 1~30 MHz 的扫频,根据不同频率回波的时间得到电离层频高图,再由数值方法求解虚高和电子密度之间的积分方程,进而得到电子密度剖面,从中可获取 E、F_1、F_2 等层的临界频率、虚高等参数。但不能研究 F 层峰以上的电离层参数,并且只能获得垂测站顶部的电离层信息。二战期间,为改善短波通信,世界各地建立了大量的垂测站,我国当时有重庆、武昌和兰州三个垂测站。1980 年,美国研制出数字电离层垂直探测设备 256 系统。20 世纪 90 年代,美国开始出口另一种更先进的便携式数字电离层探测设备。如今美国、俄罗斯和中国等都有各自的数字垂测仪产品,性能大致接近。由于垂测仪只能探测到局部的电离层信息,无法获取大范围信息,并且在地理布局(如海洋)上受到很大限制。因此往往采用组网的形式,对邻近地区电离层参数使用算法外推。目前我国增设了北京、长春、青岛、厦门等垂测站,组建成中国电离层垂测网。斜测仪是收发分置的斜向探测设备,其电离图为电波斜射入电离层后,经反射到指定接收地的回波记录图,表明收发两地之间电磁波可能的传播模式、传输信道、电子密度等特性。斜测仪也可与垂测仪联合组网,对附近地区的电离层状态参数进行估计反演。目前我国在首都圈附近建立了沈阳、大连、赤峰、天津、榆林等 20 个斜测站,用于接收北京、长春、青岛、苏州、新乡等 5 个垂测站的发射信号,并提供实时监测电离层数据[44]。武汉大学在电离层探测仪领域进行了长期的研究,其斜向返回单站雷达 WIOBSS 已经成功进行了电离层斜向返回探测的实验,该探测仪有着功率小、便于移动、反演参数多等众多优点[45]。电离层探测仪已经被广泛布置于世界各地。

非相干散射雷达能获取不同时空上的电离层等离子体自相关和功率谱,进而推导出电子温度、电子密度、离子温度、等离子体漂移速度等参数。1958 年,Gordon 提出了非相干电离层散射理论[46],同年 Bowles 在秘鲁使用 49.9 MHz 的兆瓦级雷达证实了该理论[47]。20 世纪 70 年代,非相干散射探测技术已获得由 D 层到 2 000 km 高度的各种参数[48]。但该雷达造价昂贵,设备庞大,结构复杂,全球只有十部左右,最著名的是欧洲的 EISCAT 雷达(频率在 UHF 和 VHF 段)[49]。我国电离层研究仅依靠 EISCAT 提供的数据,但这些数据无法真实反映我国电离层空间环境变化的特性。2012 年 10 月,我国第一部非相干散射雷达在云南曲靖初步建成[50]。

相干散射雷达利用电离层中小尺度不规则体的 Bragg 散射敏感,当不规则体尺度等于雷达半波长、波矢与地磁线垂直时,会产生后向散射回波的物理原理,可获得远距离电离层中不规则体的各种参数、电离层结构以及电离层与磁层之间的耦合状况[51,52]。由于电离层不规则体沿地磁场排列,这就要求入射电波的波矢方向垂直于该区域的磁力线,当不规则体尺度与半波长相当时,才能形成 Bragg 散射,产生后向相干散射回波[53]。相干散射雷达大多位于 VHF 和 UHF

段,观测不规则体范围在 20 cm～3 m 间。由于该型雷达观测到的电离层尺度取决于电磁波波长,一般 F 层中不规则体尺度远大于 E 层,为了观测到更大尺度的不规则体,研究 HF 相干散射雷达是必然趋势。此外无论 E 层还是 F 层,HF 电波均较 VHF 更容易经过电离层折射使得波矢与地磁场满足正交条件[54]。世界上首部相干散射雷达 STARE 始建于 20 世纪 70 年代末,位于 Scandinavia 的北部,是当时唯一可以提供电离层等离子流的二维空间结构和移动的设备。STARE 的成功研制带动瑞典与英国雷达实验(Sweden and Britain Radar Experiment,SABRE)和双基极区雷达系统(Bistatic Auroral Radar System,BARS)等的发展。1983 年 Hopkins 大学应用物理实验室研制出首部高频相干散射雷达 Goose Bay HF Radar[55],使用相控阵电扫描技术,频段为 8～20 MHz,探测范围从数百千米到超过 3 000 km,为 E、F 层的观测提供了大量的有用数据。之后多部相干、非相干散射雷达进行组网,构成有名的 SuperDARN 雷达观测网[56],实现信息共享,优缺互补,现在有多部雷达处于运行中。2009 年,我国在海南三亚建立首部 VHF 相干散射雷达[57],频率为 47.5 MHz,发射功率为 24 kW,可观测到米级不规则体的运动速度、电子密度等信息。2010 年,我国在南极建立中山站高频相干散射雷达(频段为 8～20 MHz),通过探测电离层不规则体的 Bragg 散射,可获取不规则体的回波强度、径向速度和 Doppler 谱宽等信息[58,59]。

卫星探测主要用于上电离层(高于 NmF_2 部分)及总电子含量(Total Electron Content,TEC)的探测,大致分为直接探测和信号探测两类。直接探测如郎缪尔探针、光度计等。另一类是卫星发射信号,地面接收,根据电离层对电波的影响来反演,可获取电子密度、多普勒色散和法拉第旋转等。1962 年,加拿大率先发射了 Alouette 1 号卫星对电离层进行探测,之后又发射了 Alouette 2 号和 AEROS 等 5 颗卫星,全部用于电离层观测[60]。卫星返回的频高图表明,上电离层顶部同样具有寻常波(O 波)和非常波(X 波)的描迹,以及由小尺度不均匀体的散射引起的带状回波。1963 年,澳大利亚首先发射了用于观测电离层的地球同步卫星 Syncom 2 号,第一次成功实现了对 TEC 的测量[61]。GPS 是探测电离层 TEC 的主要方法,原理是利用双频信号引起不同的时延,得到相应位置的 TEC。再使用层析(Computerized Tomography,CT)技术反演出三维模型。但由于地面 GPS 接收机分布不均、稀疏及视角等问题,尤其是广阔的海面不能建立足够多的接收机,因此反演矩阵非满秩,从而导致反演结果存在多解的情形。虽然可探测电离层的卫星具有高精度的优点,但其寿命较短,造价昂贵,不但难以获取大区域的电离层数据,而且难以开展时间上连续不断的探测。

另外,还有许多关于电离层参数的统计或经验模型,最著名的是国际电离层参考模式(International Reference Ionosphere，IRI)，只需输入时间、经纬度等信息即可得到确定的电离层参数。尽管人们利用自相关分析法、多元线性回归法、人工神经网络法建立了电离层参数预报方法，但难以满足实时探测、预测的精度要求[62]。该模型主要参考欧美地区而定，在中国地区具有明显的系统性偏离，这可能是没有考虑电离层赤道异常在我国很高的缘故。对此，我国科研人员也对此进行了修订，发布了中国版的电离层参考模型[63]。

纵观电离层探测的发展过程，从最初的垂直探测仪到20世纪六七十年代的非相干散射雷达、八十年代的相干散射雷达乃至后来的卫星探测，探测范围由原来单点局部到数千千米，由D层到F层甚至到磁层，从原来的少数参数(如反射虚高、实高、Doppler频移等)发展到众多参数(如电子密度分布、电子温度分布、离子温度分布、离子成分、离子－中性粒子碰撞频率、离子－离子碰撞频率、磁场、光子速度分布、等离子体漂移速度等)，从原来单部雷达探测发展到组网探测、联合卫星探测等。总体来说，目前电离层探测的发展趋势是卫星和垂测仪、雷达等多元化手段综合，优势互补，形成整个电离层联合探测网，从而达到对电离层更加全面深入的了解和认识。

1.3　高频地波雷达电离层回波特性综述

1.3.1　电离层回波分层特性研究

目前关于HFSWR电离层回波的文献绝大多数集中在杂波抑制，但同时也获得了部分电离层回波的特性。最早全面深入细致研究HFSWR电离层回波的是文献[64]，通过对众多HFSWR电离层实测数据统计分析后指出：来自E层的电离层回波主要分为3类，(a)E层镜面反射回波，(b)E层多跳回波，(c)Es层回波；来自F层的电离层回波可分为4类，(a)F层镜面反射回波，(b)F层多跳回波，(c)扩展F层回波，(d)天－海混合路径传播的电离层回波。

E层镜面反射回波主要来自天顶方向，具有占据较少距离单元、较强的功率、能量低于海杂波一阶Bragg峰、持续时间长、小Doppler频移、小范围Doppler扩展、来向角随时间缓慢变化以及各个Doppler分量在方位角谱中分布相似但不具有方向性等特征[64]。由于天线方向图在天顶方向的随机增益和相位变化破坏了各通道信号的幅相连续性，因此天顶方向的镜面反射电离层回波没有明显方向性。然而文献[65]指出来自E层、Es层和F层镜面反射占据较少距离单元的电离层回波，Doppler分量具有一致的方向性。造成这种差别的原因可能是选取的实测电离层回波数据不同。对于高度复杂的电离层，如果只是在某一时刻小样本下统计分析,往往会出现偏差。文献[66]对小孔径高频地波雷达电离层回波特性进行了研究,通过对电离层回波相关系数的计算发现该电离层回波具有极强的空间相关性。文献[67]根据 HFSWR 电离层回波在距离单元和 Doppler 单元的聚散程度分为聚集型回波(镜面反射回波)和扩展型回波,对其分别进行时频变换后,发现聚集型回波能量集中,表现为多分量时频脊线,在相邻距离单元上具有强相关性。综上所述,E 层镜面反射回波具有距离域集中、Doppler 域较窄以及空域高度相关等显著特点。和 E 层镜面回波相比,E 层多跳回波除了在距离谱和 Doppler 谱更为扩展外,其他特征都较相似。距离和 Doppler 扩展可能是雷达信号解相关超时以及多跳时反射点略有变化造成的。两者的 Doppler 分量在角度域分布也极为相似。E 层多跳回波功率幅值低于 E 层镜面反射回波,这是由路径传播衰减引起的。

Es 层回波来自雷达信号对孤立区域电离体散射,具有距离单元扩展(100～200 km)、中等程度的 Doppler 频移与 Doppler 扩展、部分方向性以及持续时间较久(10 min 级别)等特点[64]。文献[68]对源自 Es 层的 HFSWR 电离层强回波进行分析,指出来自垂直和倾斜方向的后向散射回波能量较强,且占据较少的距离单元,而来自天—海传播路径的电离层回波能量较弱,在距离单元有较大扩展。二者均在 Doppler 域呈现较大扩展。可见 Es 层回波在距离域的集中程度与传播路径有关。文献[65]认为占据较少距离单元的 Es 层回波具有部分方向性,而占据较多距离单元的 Es 层回波不具备方向性。可见 Es 层回波方向性与距离域之间相关,回波的空间相关性较强。来自 Es 层镜面反射回波往往占据较少的距离单元,在 Doppler 域上比平均值高出 20 dB 左右[69]。文献[70]研究了 HFSWR 在北极地区部署时针对 Es 层电离层回波的最佳工作时间,并对北极地区内 Es 层回波随年月日的变化情况进行讨论。

F 层镜面反射回波具有占据少量距离单元、持续时间长、中等程度的 Doppler 频移和 Doppler 扩散以及 Doppler 分量在方位角谱中分布相似但不具有方向性等特征[64]。F 层多跳回波具有和 F 层镜面反射回波相似的特征,只是在距离单元和 Doppler 单元上产生更大的扩展。F 层多跳回波幅值低于 F 层镜面反射回波。这两类回波特性与 E 层镜面反射回波特性相似,在距离域和多普勒域相对比较集中以及空域高度相关等是其主要特点。相对于扩散型电离层回波,镜面反射回波对 HFSWR 的目标探测性能影响较小,也较容易抑制。

扩展 F 层回波产生于 F 层多处的反射叠加,主要在夜晚和黎明时存在,具有占据多个距离单元、存在时间长、Doppler 域大量扩散以及 Doppler 分量具有部分方向性等特征[64]。其时频分布较为分散,相邻距离单元相关性较弱。该类型回波强度较弱,广泛分布在 200～500 km 之间,介于天波传播路径 0.5 跳与

1 跳之间,往往与 HFSWR 超视距探测距离重叠,因此会对 HFSWR 目标探测造成严重的影响。

天－海混合路径回波来自雷达波束斜射电离层后再沿海面返回的传播路径,具有距离域扩散、中等 Doppler 频移、一定的方向性、存在时间长(小时级别)以及幅值随海态变化等重要特性[64]。Walsh 和 Gill 最早对海杂波进行了理论分析[71],后来将之推广到电离层回波建模研究中[72]。Walsh 等对脉冲雷达和调频连续波雷达的天－海混合路径电离层回波进行建模,并模拟了电离层回波对一阶海杂波和二阶海杂波的影响,仿真显示电离层运动和海面风速会影响电离层回波功率的幅度、Doppler 频移及展宽[73-78]。在这类模型中,对电离层谱密度常用高斯分布等来近似,没有考虑电离层的物理机制特性,因此可能不够准确。2015 年,Chen、Huang 和 Gill 又借鉴引入电离层等离子不规则体对 HF 波扰动的相位谱密度模型,取代了原来的高斯分布假设,建立了垂直向 HFSWR 电离层回波模型,并对不同不规则体漂移速度、方向、高度等电离层变量进行仿真。数值仿真表明,电离层回波峰值功率超过一阶海杂波平均功率约 45 dB,水平方向电离层不规则体漂移运动导致雷达信号 Doppler 扩展,垂直向电离层不规则体漂移运动造成 Doppler 频移,电离层回波峰值功率会随着反射高度的升高而增强[79]。

2016 年,Chen 等将该不规则体相位谱密度引入到原 HFSWR,在天－海混合路径下接收功率谱密度模型中,将电离层回波功率谱归一化后与脉冲雷达进行对比,并对不同电离层漂移速度、波长、风向等变量进行仿真。数值仿真表明,在考虑各种情况下,电离层回波功率高出一阶海杂波平均功率 40 dB 以上,电离层回波的 Doppler 展宽是由电离层水平向运动和海面传播路径的不均匀性引起的[80-82]。由于这类天－海混合路径传播电离层的数学模型大致相同,因此仿真得出的结论也很相近。电离层运动变化状态会对一阶、二阶海杂波产生调制,当不考虑电离层中不规则体扰动时,如果电离层相对于雷达波束(天波方向)径向方向运动,则接收到的信号一阶 Bragg 峰会产生 Doppler 频移;如果电离层不规则体相对于雷达波束径向方向水平运动,则接收到的信号一阶 Bragg 峰会产生 Doppler 扩展。由于电离层具有非平稳时变运动特性,任意方向的运动都可分解为与雷达波束径向的水平和垂直分量,因此导致海杂波 Bragg 峰的 Doppler 偏移与展宽并存。各个仰角的天－海传播路径的电离层回波混合叠加后,就会导致海杂波严重偏移和展宽,从而极大降低了 HFSWR 超视距目标探测和海态遥感性能。Walsh 等认为 HFSWR 电离层回波只有两种传播路径:垂直向反射和天－海混合传播路径。但考虑到天波后向散射传播路径的衰减要小于海面传播衰减以及电离层倾斜等,因此可能还存在着其他天波传播路径。

需要指出的是，以上的讨论均未考虑电离层回波在距离域和多普勒域的混叠情形。为解决收发共址问题，现有的单基 HFSWR 体制多采用线性调频中断连续波（Frequency Modulated Interrupted Continuous Wave，FMICW），当脉冲重复周期小于回波到达时间时，就会产生模糊距离。最大模糊距离由脉冲重复频率、调频带宽和调频周期共同决定。当波形参数选择不当时，远距离天波斜向多跳散射电离层回波会折叠到近端，污染有效探测区间[83]。

1.3.2　电离层回波随机特性研究

除对实测电离层回波进行信号处理和数值仿真外，还可对电离层回波进行大数据统计以研究其随机特性。文献[84]对 HFSWR 电离层回波整体进行统计分析，显示绝大多数（90% 左右）距离单元的电离层回波幅度近似满足 Rayleigh 分布，对于不满足 Rayleigh 分布的 Es 层等电离层回波则满足 Weibull 分布；即使在电离层稳定时，同一距离单元上的回波时间相关性较弱，说明 HFSWR 电离层回波具有快速时变特性；整体上电离层回波相邻距离单元的相关性较强，相关性较弱的"突变点"可能是电离层中电子密度分布发生拐点变化之处、电离层分层处或不均匀体的分界面等。文献[85]使用多相屏法发现，在电离层弱起伏状态下，电离层回波幅度与相位变化较小，二者均服从 Normal 分布；在电离层强起伏状态下，电离层回波的幅度服从 Weibull 分布，相位依然服从 Normal 分布。文献[86]对来自不同方向（波束形成后方位角指向）的 HFSWR 电离层回波密度和平均功率进行统计分析，不同方位角的电离层回波存在较大差异，这说明电离层回波在水平方向具有一定的方向性。电离层回波往往占据多个距离单元，并且在这些距离单元上几乎会占据所有的 Doppler 单元。由此可见 HFSRWR 电离层回波具有高度时变特性、空域强相关性的统计特征。文献[87]对大量 HFSWR 实测数据统计表明，电离层回波的方向性与 Doppler 扩展程度无关。有些电离层回波的 Doppler 单元有良好的方向性，但更多时候并没有很好的方向性。同时，F 层回波 Doppler 单元的方向性要明显好于 E 层。

1.3.3　电离层回波反演技术研究

在研究 HFSWR 电离层回波抑制的同时，已有不少文献通过电离层回波对电离层状态参数进行反演。文献[69]对 HFSWR 电离层回波长时间观测，发现在日出时雷达东向的电离层回波会突然增加，电离层反射高度会逐渐下降，散射信号呈现正的 Doppler 频移；电离层反射高度一般在早晨最低，夜晚最高，这些特性都与天波超视距雷达数据相符；在相干积累时间内如果各个反射点的相速相同,则 Doppler 谱会比较集中,反之则会导致 Doppler 谱展宽。当相干积累时间超过 30 s 时,电离层就不能被当作均匀体来看待,由于无线电波在此传播过程相位的非线性变化,相干积累时间越长,Doppler 扩展就越严重。值得一提的是,理论上 D 层不会对高频段电磁波反射,只起到吸收作用,但在 HFSWR 中却常观测到来自 60~70 km 处的电离层回波,有时强度甚至超过海杂波。该类型回波大多出现在白天,晚上概率较小。此现象目前无法得到合理的物理解释,因此我们猜测这可能是由上一个距离探测周期的电离层回波折叠到本距离周期引起的。

文献[88]中对长时间(24 h)和短时间(单个相干积累周期,约 6 min)的 HFSWR 电离层回波数据进行时频分析处理,使用勾股定理估计出时频图中呈现"V"形运动轨迹的 Es 层回波的水平漂移速度为 50~100 m/s。通过对短时间内的 Es 电离层回波数据的时频变换,发现回波的 Doppler 偏移均在 ±1 Hz 范围内,大致有两种时频形态:

(a)多重连续"S"形时频分量清晰叠加的形态:这可能源自于包含 TIDs 的 Es 层内规则体的反射,是周期为分钟级别的声重力波作用的结果。其 Doppler 分量形态相似但强度不同,可能对应着寻常波与非常波。

(b)多重连续的时频分量混叠模糊的形态:这可能是来自 Es 层、F 层的不均匀体、电子云团运动、多径效应以及相位闪烁所致。

电离层虚高可从 HFSWR 距离-多普勒谱直接读出,对应距离的电子密度可通过忽略碰撞和地磁场的 Appleton-Hartree 公式进行估计。文献[87]也使用同样的方法对海南、威海和蓬莱三个地区的 HFSWR 实测数据进行反演,获取了电子密度、电离层水平漂移速度估计值、反射高度、声重力波引发的 TIDs 等电离层特征参数。但是,对 HFSWR 电离层回波与不规则体、TIDs 之间作用的物理机制并未深究,也没有建立电离层回波与 HFSWR 系统参数、电离层状态的数学模型。

此外,文献[89]利用 RD 谱中电离层垂直方向回波分量对电离层高度进行估计,并结合 IRI-2016 验证了有效性。文献[90]利用 RD 谱中电离层回波能量与雷达工作频率之间的关系,对 f_oF_2 进行了拟合估计,并结合 IRI-2016 进行了误差分析。文献[91]对 HFSWR 电离层回波积分效应和微分效应下的 Doppler 特性进行了分析。

1.3.4　电离层回波物理机制研究

基于 HF 电波在电离层中传播物理机制建立的模型,归纳起来有两大类:一类是利用确定性方法研究,即不考虑背景电离层的随机变化对电波传播的影响,代表方法为射线追踪法和全波法等。这种方法不考虑电离层中的不规则体,因此电波在电离层中的传播路径轨迹可在电子密度剖面模型的基础上,通过一组微分方程精确描述。然而由于所采用的电子密度剖面理论模型不够准确,以及实际电离层分层结构变化复杂和波动随机等特性,该类方法的结果往往无法匹配真实的电波传播信道,从而与实测数据常有出入。另一类是利用随机和统计方法研究电离层中不规则体等引起的电波传播效应,主要针对电离层闪烁现象。弱闪烁条件下,代表方法是 Rytov 的复相法(Complex Phase Method);强闪烁条件下,代表方法是多相屏法(Multi－phase Method)和相屏衍射法(Phase Screen Diffraction Method)等[92]。

要对 HFSWR 电离层回波进行准确深入的建模分析,既要考虑背景电离层的影响,又要考虑不规则体的随机起伏。不规则体通常是数百米到数千米量级的等离子体,会增加 HF 电波散射的光学厚度。并且即使单个雷达脉冲信号,也可能受到多个不规则体的叠加调制,致使信号失去原有的时空分布特性。2006 年,Riddolls 首先在 HFSWR 电离层回波建模中[93],将各向异性、不均匀分布下的电离层电子密度 N 分为背景电子密度 N_0 和不规则体电子密度 N_1,即 $N = N_0 + N_1$。不规则体对电波的作用可看作静止背景电离层条件下的扰动情形,以便更精细化地研究 HF 电波在电离层中的传播。最终,他建立了水平面上雷达接收信号相位功率谱与电离层不规则体空间谱密度之间的数学关系,通过一个 4 阶幂律空间谱模型刻画了等离子不规则体对 HF 电波的扰动,从而对不规则体引起的雷达信号特性,如时延、DOA 和 Doppler 等进行估计。2011 年,他在 HFSWR 相位自相关函数建模中,针对沿地磁线无限排列的不规则体对 HF 电波的调制作用,引入了一个 3 阶空间功率谱函数[94]。2012 年,这一模型被 Ravan 扩展为 HFSWR 和 OTHR 在垂直和极区斜射天波传播路径下不规则体相位谱密度表达式[95]。2015～2017 年,考虑到 Walsh 创立的电磁散射模型中一般假设电离层反射系数(Ionospheric Reflection Coefficient,IRC)谱密度函数为高斯分布,这并没有考虑电离层特定的物理机制,于是 Chen 将该不规则体的 3 阶相位谱密度引入到 Walsh 原来的混合路径一阶海杂波和二阶海杂波模型中,进一步完善了原有 HFSWR 电离层模型[96]。

此外,Chen 认为 HFSWR 电离层回波相位的变化主要由小尺度不规则体或大尺度的 TIDs 引起。TIDs 通常是由中性大气结构的重力波与电离层相互作用产生,可分为大尺度 TIDs 和中尺度 TIDs 两种类型。大尺度 TIDs 的水平相速度为 400～1 000 m/s,周期在 60 min 以上,水平波长在 1 000 km 以上;中尺度 TIDs 的水平相速度小于 300 m/s,周期在 10～60 min 范围内,水平波长为数百千米左右。大量实验观测表明,TIDs 引起的高频 Doppler 扰动呈现特性的

"S"形分布[87]。TIDs 可能会引起电离层反射高度及电子密度等值面波动,从而导致 HF 电波传播轨迹变化,进而会造成 Doppler 频移和展宽等。另外,TIDs 还会对电波产生多径效应,从而使雷达信号强度严重衰减。Chen 等仍然利用之前的不规则体 3 阶空间谱模型对 TIDs 产生的 HF 电波相位波动进行量化研究,分析指出 TIDs 会引起电子密度波动,从而导致 HF 电波反射高度变化,产生附加的 Doppler 效应。通过对波动周期为 45 min,电离层反射高度变化度为 10%,高度为 350 km 处的 TIDs 仿真显示,TIDs 会对 HFSWR 电离层回波额外产生约 0.3 Hz 的 Doppler 频移,并且会导致电离层回波方位角和反射高度呈周期性变化。此外,由于 TIDs 使雷达信号相位快速变化,因此相应的 Doppler 展宽[82]。

　　追根溯源,这类不规则体及 TIDs 的空间谱模型来自电波在电离层中的相干散射原理,该物理机制认为电离层不规则体沿地磁线无限排列,只有当入射波矢与地磁线垂直时才能发射 Bragg 散射,这也是相干散射雷达的探测原理之一[97,98]。对应不同的天线尺寸、波束宽度和载频,IRC 也有不同数学模型。Walker[99]对三种常见相干散射雷达进行了研究,其中宽波束、低载频类的 Goose Bay HF Radar 与 HFSWR 天线系统接近,物理机制也相同。由于 HF 波段载频低,天线尺度大,雷达波束宽,因此会照射到大量满足视界角条件的电离层不规则体,从而常接收到高强度的电离层回波。

1.4　电离层与地球物理现象的关系

　　长期以来,科学家们一直在努力探索地面(含海洋)灾害性活动的电离层效应问题,已有研究表明电离层突变与台风等众多地球物理现象之间存在密切关联。

　　1958 年 Bauer[100]报告了 4 次台风过境时的电离层响应过程,表明随着台风到来 $f_0 F_2$ 开始上升,当台风到达观测站时 $f_0 F_2$ 达到最大值。但我国学者对此持相反观点。沈长寿[101]首先分析了海南岛的 21 次台风数据后指出,台风与 $f_0 F_2$ 变化之间存在相关现象,台风登陆前后当地 $f_0 F_2$ 有明显的下降趋势,其可能的物理机制是台风引起的对流层垂直气流改变了平流层和中间层之间的局地环流系统,上升气流使得湍流层顶抬高以及大气成分比改变,最终使电离层光化学背景发生变化。之后文献[102]对湍流层顶抬高导致大气结构变化进行了数值模拟,表明随着湍流层顶的抬升,中性大气成分(N_2 和 O_2)密度和电离层 $f_0 F_2$ 呈现降低趋势、电离层 $h_m F_2$ 呈上升趋势以及电波相路径减小等,因此台风导致的湍流层顶变化可能是一种有效的低层大气与电离层耦合机制。肖赛冠[103,104]

等通过对高频多普勒记录和台风资料的联合分析表明,在台风登陆期间,电离层会出现由高频向低频过渡的明显波状扰动(类正弦准周期波动),形成中尺度的电离层行扰 TIDs,并在日落时触发了 F 层中不规则结构的扩散。在宁静条件下的 24 次台风记录中,有 22 次通过高频多普勒观测到台风激发的中尺度 TIDs,并且台风在登陆前后会对电离层产生显著的扰动,故提出低层大气与电离层之间可能存在耦合效应的假设。

Sorokin、Isaev 等[105,106]通过对低纬地区台风上空的卫星观测数据分析发现,电离层电场强度有增强的现象,从而对电离层产生影响。Kazimirovsky[107]认为中低层大气中的行星波、潮汐波和重力波均可穿透至 F_2 层。其中台风激发的重力波会导致电离层中等离子不规则体和 TIDs 的产生,进而诱发 F 层扩展现象。大量基于卫星对台风上空电离层 TEC 的观测分析[108-110],均表明台风激发的重力波会上传至电离层,产生中尺度或同心式 TIDs。对 2005~2011 年期间卫星和高频斜测仪实际观测数据的联合分析[111],发现台风期间激发携带动量和能量的内重力波会上传至电离层,以大尺度 TIDs 的形态呈现,以此作为对台风的响应机理。并且注意到即使在没有台风、地磁平静的情况下,电离层中也会出现 TIDs,但其波动强度远低于台风期间。Dart[112]对 1987~2015 年世界各国研究组对电离层与台风之间关联研究成果进行综述,总结起来,台风激发的内重力波可能是影响电离层的最关键因素,从而提出地球大气层中可能存在对流层－平流层－中间层－电离层之间的耦合联动机制。但目前还没有基于 HFSWR 对台风中重力波引起的 TIDs 的实际观测研究,只有 Li 等[113]对台风期间 HFSWR 电离层回波 SNR 的研究,表明电离层回波 SNR 会在台风影响下降低 5%～10%。

1.5 本书主要内容

综上所述,目前对 HFSWR 电离层回波特性研究绝大多数集中在分析回波距离域、多普勒域、方位角域等分布上,进而利用这些电离层回波特性进行信号处理的抑制研究。而对于电离层回波与电离层时空状态、雷达工作参数之间的函数关系、电离层内部对 HF 雷达信号的调制过程、不规则体与波束的相干散射等深层次的物理机制则少有研究。电离层回波抑制算法很大程度上取决于对电离层物理机制的认识和理解,因此加深扩宽对电离层回波产生机理的认识,将非常有助于电离层回波抑制算法的突破。所以对 HFSWR 电离层回波抑制算法的研究,除常规基于雷达信号处理外,另一个途径是建立基于电离层散射物理机制的数学模型。该模型应该能很好地解释 HF 雷达信号与电离层之间如何作用,电离层怎样影响雷达信号,进而如何在雷达回波谱中分析电离层回波特性。目前,国际上对 HFSWR 电离层回波的理论研究大多基于加拿大纽芬兰纪念大学 J. Walsh 和 E. W. Gill 提出的电离层散射模型。2015 年后,Gill 和 Huang等将 HF 电磁波在电离层相干散射的物理机制引入原模型中,进一步完善了电离层反射系数谱密度的估计。

本书紧密围绕高频相干散射原理物理机制,首先根据电离层不同于点目标的分布特性,分别推导了在面散射和体散射下雷达探测方程,并使用该相干散射物理机制对电离层 RCS 进行估计,建立电离层的广义雷达方程。在 Walsh 模型的基础上,对 FMCW/FMPCW 体制下垂直向及中纬度斜后向散射传播路径电离层回波谱密度进行建模。最后,基于 HFSWR 实验站对两次台风期间重力波对电离层扰动响应过程进行了观测,探索电离层与台风之间可能存在联动耦合的物理机制。

全书具体内容安排如下:

第 1 章介绍 HFSWR 电离层探测的课题背景与研究意义,对 HFSWR 和电离层探测发展分别进行概述,之后对国内外 HFSWR 电离层回波特性、物理机制研究等进行介绍,最后对本书主要研究内容进行简要说明。

第 2 章首先概述电离层分层结构、大气成分和离子化学反应等电离层基本物理特性,尤其重点研究了光化学过程中的离子损失过程的反应扩散偏微分方程组,从数学角度对三种边界条件下的电子密度变化进行仿真分析。然后介绍电离层基本理论模型、高频电磁波在电离层中的传播机理,以及天波传播路径的轨迹模型,并结合实测高频地波雷达数据进行观测分析。

第 3 章首先对自由空间中对数周期偶极子天线和偶极子均匀直线阵进行仿真,研究其基本工作原理以及设计方法。通过 HFSS 仿真,研究讨论天线自身结构对方向图的影响。其次讨论地面及地网对天线方向图的影响。以单极子和偶极子天线为例,讨论地面电导率对天线方向图的影响以及地网的网格大小和地网面积对天线方向图的影响。更进一步,对威海 HFSWR 实验站的收发天线系统进行软件仿真,表明地网会对收发天线阵列方向图的指向产生偏移和畸变,从而使雷达系统更容易接收到高强度、多路径的电离层回波。最后,基于 HFSWR 与垂测仪对电离层回波开展联合观测,深入分析 HFSWR 电离层回波可能存在的传播路径,分裂为 O、X 特征波等分布特性,为后续电离层回波研究奠定基础。

第 4 章在前两章研究的基础上,给出不同种类的电离层回波信号高频地波雷达的距离—多普勒谱中的分布特性,并且根据电离层回波信号方向性的不同,提取出电离层垂直方向回波,并且在电离层线性模型和抛物模型假设下,分别对电离层实高进行估计。最后利用最小二乘法,对 F_2 层临界频率进行估计。

第 5 章首先将电离层作为面目标与体目标,建立 HFSWR 电离层回波探测方程,并结合高频相干散射理论对电离层 RCS 进行估计。然后以山东威海的经纬度与磁倾角为例,对不同的电离层参数和雷达参数下的电离层回波模型进行仿真分析,并在抛物线模型下对不规则体空间分布进行估计。最后结合实测雷达数据对垂直向传播路径 F 层不规则体电子密度、等离子体频率及漂移速度进行估计,并与 IRI－2016 模型进行比对分析。

第 6 章基于 Walsh 提出的电磁散射模型,首先拓展了 FMCW/FMPCW 体制下垂直向 HFSWR 电离层回波模型,并从数学的概率分布及电离层物理机制两个角度分别对电离层反射系数进行估计,之后对不同雷达工作参数和电离层状态参数下 HFSWR 电离层回波功率谱密度进行仿真分析,提炼出对电离层回波强度和 Doppler 效应起关键性作用的主要参数。其次,对 FMCW 信号斜向天波散射路径下电离层回波进行数学建模,并推导出中纬度斜向后向散射电离层回波模型的一般表达形式。最后,将理论模型与实测雷达数据结合,对斜后向散射传播路径的 E 层不规则体平均电子密度波动进行估计,并与垂测仪进行分析。

第 7 章针对大尺度 TIDs 对 HFSWR 产生的 Doppler 效应进行建模分析,并基于 2016 年东海强台风“鲇鱼”和 2018 年渤海台风“温比亚”期间 HFSWR 站实测数据,全面分析电离层回波在距离域、时域和 Doppler 域的分布特征,观测到电离层回波中准周期正弦“S”形的 TIDs 特征形态,这与地球物理学对台风和电离层可能存在联动耦合的物理机制研究结论一致。另外,对台风期间其他电离层回波形态特性进行归纳分析。

本章参考文献

[1] 周文瑜,焦培南. 超视距雷达技术[M]. 北京:电子工业出版社,2008:2-33.

[2] BARRICK D. History, present status, and future directions of HF surface-wave radars in the U. S[C]//Adelaide, Australia:International Radar Conference. IEEE, 2003:652-655.

[3] BARRICK D. First-order theory and analysis of MF/HF/VHF scatter form the sea[J]. IEEE Transactions on Antennas Propagation, 1972, 20:2-10.

[4] BARRICK D,SNIDER J. The statistics of HF sea-echo Doppler Spectra [J]. IEEE Transactions on Antennas and Propagation, 1977, 25 (1):

19-28.

［5］ SEVGI L, PONSFORD A, CHAN H C. An integrated maritime surveillance system based on high-frequency surface-wave radars. 1. Theoretical background and numerical simulations ［J］. IEEE Antennas and Propagation Magazine, 2001, 43(4): 28-43.

［6］ PONSFORD A M, SEVGI L, CHAN H C. An integrated maritime surveillance system based on high-frequency surface-wave radars. 2. Operational status and system performance［J］. IEEE Antennas and Propagation Magazine, 2001, 43(5): 52-63.

［7］ WANG Y, MAO X, ZHANG J, et al. Detection of vessel targets in sea clutter using in situ sea state measurements with HFSWR［J］. IEEE Geoscience and Remote Sensing Letters, 2018, 15(2): 302-306.

［8］ PONSFORD A, MCKERRACHE R, DING Z, et al. Towards a cognitive radar: Canada's third-generation High Frequency Surface Wave Radar (HFSWR) for surveillance of the 200 nautical mile exclusive economic zone［J］. Sensors, 2017, 17(7): 1588.

［9］ CHEN Z, HE C, ZHAO C, et al. Enhanced target detection for HFSWR by 2-D MUSIC based on sparse recovery［J］. IEEE Geoscience and Remote Sensing Letters, 2017, 14(11): 1983-1987.

［10］ THOMSON A D, QUACH T D. Application of parabolic equation methods to HF propagation in an Arctic environment ［J］. IEEE Transactions on Antennas and Propagation, 2005, 53(1):412-419.

［11］ LI Q, ZHANG W, LI M, et al. Automatic detection of ship targets based on wavelet transform for HF surface wavelet radar［J］. IEEE Geoscience and Remote Sensing Letters, 2017, 14(5): 714-718.

［12］ GUO X, SUN H, YEO T S. Interference cancellation for high-frequency surface wave radar［J］. IEEE Transactions on Geoscience and Remote Sensing, 2008, 46(7): 1879-1891.

［13］ JANGAL F, SAILLANT S, HELIER M. Ionospheric clutter mitigation using one-dimensional or two-dimensional wavelet processing［J］. IET Radar, Sonar & Navigation, 2009, 3(2): 112-121.

［14］ ZHANG X, YANG Q, YAO D, et al. Main-lobe cancellation of the space spread clutter for target detection in HFSWR［J］. IEEE Journal of Selected Topics in Signal Processing, 2015, 9(8): 1632-1638.

[15] 沈伟,文必洋,李自立,等. 高频地波雷达的电离层回波识别新试验[J]. 电波科学学报,2008,23(1):1-5.

[16] 梁百先,李钧,马淑英. 我国的电离层研究[J]. 地球物理学报,1994 (S1):51-73.

[17] SALEH O, RAVAN M, RIDDOLLS R, et al. Fast fully adaptive processing: a multistage STAP approach[J]. IEEE Transactions on Aerospace and Electronic Systems, 2016, 52(5): 2168-2183.

[18] THAYAPARAN T, IBRAHIM Y, POLAK J, et al. High-Frequency over-the-horizon radar in Canada[J]. IEEE Geoscience and Remote Sensing Letters, 2018 (99): 1-5.

[19] ZHANG J, DENG W, ZHANG X, et al. A method of track matching based on multipath echoes in high-frequency surface wave radar[J]. IEEE Antennas and Wireless Propagation Letters, 2018, 17 (10): 1852-1855.

[20] MAO X, HONG H, DENG W, et al. Research on polarization cancellation of nonstationary ionosphere clutter in HF radar system[J]. International Journal of Antennas and Propagation, 2015(1):1-12.

[21] DOU D, LI M, He Z. Multi-mode clutter suppression of multiple-input-multiple-output over-the-horizon radar based on blind source separation [J]. IET Radar, Sonar & Navigation, 2015, 9(8): 956-966.

[22] YAO D, ZHANG X, YANG Q, et al. An improved spread clutter estimated canceller for main-lobe clutter suppression in small-aperture HFSWR[J]. IEICE Transactions on Fundamentals of Electronics, Communications and Computer Sciences, 2018, 101(9): 1575-1579.

[23] ZHANG X, YAO D, YANG Q, et al. Knowledge-based generalized side-lobe canceller for ionospheric clutter suppression in HFSWR[J]. Remote Sensing, 2018, 10(1): 104.

[24] ZHOU H, WEN B, WU S. Ionospheric clutter suppression in HFSWR using multilayer crossed-loop antennas [J]. IEEE Geoscience and Remote Sensing Letters, 2014, 11(2): 429-433.

[25] CHEN Z, XIE F, ZHAO C, et al. An orthogonal projection algorithm to suppress interference in high-frequency surface wave radar[J]. Remote Sensing, 2018, 10(3): 403.

[26] CROMBIE D D. Doppler spectrum of sea echo at 13.56 MHz[J]. Nature

(Physical Science)，1955，175：681-682.

[27] WAIT J R. Theory of HF ground wave backscatter from sea waves[J].
Journal of Geophysical Research, 1966, 71 (20)：4839-4842.

[28] BARRICK D. Remote sensing of sea state by radar[C]//Newport, RI,
USA：Ocean 72-IEEE International Conference on Engineering in the
Ocean Environment. Newport，1972：186-192.

[29] LORENTE P, VARELA S P, NAVARRO J S, et al. The high-
frequency costal radar network operated by Puertos del estado (Spain)：
roadmap to a fully operational implementation[J]. IEEE Journal of
Oceanic Engineering, 2017, 42(1)：56-72.

[30] LAURENCE Z H, CHUANG Y J, TANG S T. A simple ship echo
identification procedure with SeaSonde HF radar[J]. IEEE Geoscience
and Remote Sensing Letters, 2015, 12 (2)：2491-2495.

[31] KHAN R, GAMBERG B, POWER D, et al. Target detection and
tracking with a high frequency ground wave radar[J]. IEEE Journal of
Oceanic Engineering, 1994, 90 (4)：540-548.

[32] WYATT L R, VENN J, BURROWS G, et al. HF radar measurements
of ocean wave parameters during NURWEC[J]. IEEE Journal of
Oceanic Engineering, 1986, 11(2)：219-221.

[33] FABRIZIO G, COLONE F, LOMBARDO P, et al. Adaptive
beamforming for high-frequency over-the-horizon passive radar[J]. IET
Radar, Sonar & Navigation, 2009, 3 (4)：385-405.

[34] LIU Y T. Target detection and tracking with a high frequency ground
wave over — the — horizon radar[C]// Beijing, China：Radar, CIE
International Conference of IEEE, 1996：29-33.

[35] LIU Y T, XU R Q, ZHANG N. Progress in HFSWR research at Harbin
Institute of Technology. progress in HFSWR research at Harbin
Institute of Technology[C]// Adelaide, SA, Australia：International
Radar Conference. IEEE, Adelaide, Australia, 2003：522-528.

[36] 谢俊好. 舰载高频地波雷达目标检测与估值研究[D]. 哈尔滨：哈尔滨工
业大学，2001.

[37] 吴世才,柯亨玉. 高频地波雷达 OSMAR2000 通过验收[J]. 电子学报，
2001(05)：584.

[38] ZHOU H, WANG C J, YANG J,et al. Wind and current dependence of

the first-order bragg scattering power in high-frequency radar sea echoes [J]. IEEE Geoscience and Remote Sensing Letters, 2017, 14 (12): 2428-2432.

[39] LAI Y P, ZHOU H, ZENG Y M, et al. Accuracy assessment of surface current velocities observer by OSMAR-S high-frequency radar system [J]. IEEE Journal of Oceanic Engineering, 2018, 43 (4): 1068-1074.

[40] 苏洪涛, 张守宏, 保铮. 空时超分辨方法在高频地波超视距雷达中的应用 [J]. 电子学报, 2003, 34(3):437-440.

[41] BONDYOPADHYAY P K. Guglielmo Marconi — The father of long distance radio communication — An engineer's tribute[C]// Bologna, Italy: European Microwave Conference. 1995: 879-885.

[42] HELGESEN C H N. Wireless goes to sea: Marconi's radio and SS ponce [J]. Sea History, 2008(122):20-23.

[43] VILLARD O G. The ionospheric sounder and its place in the history of radio science[J]. Radio Science, 1976, 11(11): 847-860.

[44] 萧佐. 50 年来的中国电离层物理研究[J]. 物理, 1999, 28(11):661-667.

[45] XIAO C, GONG W, YE X, et al. Application of Wuhan ionospheric oblique backscattering sounding system (WIOBSS) for sea-state detection[J]. IEEE Geoscience & Remote Sensing Letters, 2016, 13 (3):389-393.

[46] GORDON W E. Incoherent scattering of radar waves by the free electrons with application to space exploration by radar[J]. Proc. I. R. E, 1958, 46(11):1824-1829.

[47] BOWLES K L. Observation of vertical-incidence scatter from the ionosphere at 41 Mc/sec[J]. Physical Review Letters, 1958, 1(12): 455-455.

[48] EVANS J V. Theory and practice of ionosphere study by Thomson scatter radar[J]. Proceedings of the IEEE, 1969, 57(4):496-530.

[49] FOLKESTAD K, HAGFORS T, WESTERLUND S. EISCAT:An updated description of technical characteristics and operational capabilities[J]. Radio Science, 1983, 18(6):867-879.

[50] 丁宗华, 吴健, 许正文,等. 电离层非相干散射雷达探测技术应用展望 [J]. 电波科学学报, 2016, 31(1): 193-198.

[51] VILLAIN J P, ANDRE R, HANUISE C, et al. Observation of the high

latitude ionosphere by HF radars: Interpretation in terms of collective wave scattering and characterization of turbulence [J]. Journal of Atmospheric and Terrestrial Physics, 1996, 58(8-9):943-958.

[52] GREENWALD R A, BAKER K B, DUDENEY J R, et al. DARN/ SUPERDARN: A global view of the dynamics of high-latitude convection[J]. Space Science Reviews, 1995, 71(71):761-796.

[53] DANSKIN D W. HF auroral backscatter from the E and F regions[D]. Saskatoon: University of Saskatchewan, Physica and Engineering Physics, 2003.

[54] VILLAIN J P, GREENWALD R A, VICKREY J F. HF ray tracing at high latitudes using measured meridional electron density distributions [J]. Radio Science, 1984, 19(1):359-374.

[55] GREENWALD R A, BAKER K B, HUTCHINS R A, et al. An HF phased-array radar for studying small-scale structure in the high-latitude ionosphere[J]. Radio Science, 1985, 20(1):63-79.

[56] GREENWALD R A, BAKER K B, DUDENEY J R, et al. Darn/ SuperDARN[J]. Space Science Reviews, 1995, 71(1-4): 761-796.

[57] 宁百齐,李国主,胡连欢,等. 基于三亚 VHF 雷达的场向不规则体观测研究:1. 电离层 E 区连续性回波[J]. 地球物理学报, 2013, 56(3):719-730.

[58] 刘立波,万卫星. 我国空间物理研究进展[J]. 地球物理学报, 2014, 57(11): 3493-3501.

[59] 刘二小. SuperDARN 高频雷达回波特征研究[D]. 西安:西安电子科技大学, 2013.

[60] CARPENTER D L, WALTER F, BARRINGTON R E, et al. Alouette 1 and 2 observations of abrupt changes in whistler rate and of VLF noise variations at the plasmapause—A satellite-ground study[J]. Journal of Geophysical Research, 1968, 73(9): 2929-2940.

[61] WAGNER C A. A determination of earth equatorial ellipticity from seven months of syncom 2 longitude drift [J]. Journal of Geophysical Research, 1965, 70(6): 1566-1568.

[62] 周燚,张援农,姜春华,等. 卡尔曼滤波和自相关分析方法短期预报电离层 f_0F_2 的比较[J]. 空间科学学报, 2018, 38(2):178-187.

[63] 刘瑞源,权坤海,戴开良. 国际参考电离层用于中国地区时的修正计算方

法[J]. 地球物理学报，1994，37(4):422-432.

[64] CHAN H C. Characterization of ionospheric clutter in HF surface-wave radar [R]. Defense Research and Development Canada-Ottawa, Technical Report，2003.

[65] JIANG W, DENG W, SHI J. Characteristic study of ionospheric clutter in high-frequency over the horizon surface wave radar [C]//Beijing: IEEE Youth Conference on Information, Computing & Telecommunication，2009:154-159.

[66] 姚迪,张鑫,杨强,等. 基于空间多波束的高频地波雷达电离层回波抑制算法[J]. 电子与信息学报，2017，39(12): 2827-2833.

[67] 周浩,文必洋,吴世才. 高频地波雷达中电离层回波的时频特征[J]. 电波科学学报，2009，24(3): 394-398.

[68] 周浩,文必洋. 高频地波雷达中电离层 Es 层杂波分析及其抑制[J]. 华中科技大学学报(自然科学版)，2011,39(4): 41-44.

[69] GAO H, LI G, LI Y, et al. Ionospheric effect of HF surface wave over—the—horizon radar[J]. Radio Science, 2016, 41(6):1-10.

[70] THAYAPARAN T, MACDOUGALL J. Evaluation of ionospheric sporadic-E clutter in an arctic environment for the assessment of high-frequency surface-wave radar surveillance[J]. IEEE Transactions on Geoscience and Remote Sensing, 2005, 43(5):1180-1188.

[71] WALSH J, GILL E W. An analysis of the scattering of high-frequency electromagnetic radiation from rough surfaces with application to pulse radar operating in backscatter mode[J]. Radio Science, 2000, 35(6): 1337-1359.

[72] WALSH J. Mixed-path propagation theory [C]//Ottawa, Canadian: Northern Radar Systems Limited contract report for DRDC Ottawa, Department of National Defence，Government of Canada, DSS Contract No. W7714.1-050932/001-SV，2006.

[73] GILL E, HUANG W, WALSH J. On the development of a second-order bistatic radar cross section of the ocean surface: A high-frequency result for a finite scattering patch[J]. IEEE Journal of Oceanic Engineering, 2006, 31(4): 740-750.

[74] GILL E, HUANG W, WALSH J. The effect of the bistatic scattering angle on the high-frequency radar cross sections of the ocean surface[J].

IEEE Geoscience and Remote Sensing Letters, 2008, 5(2): 143-146.

[75] WALSH J, ZHANG J, GILL E W. High-frequency radar cross section of the ocean surface for an FMCW waveform [J]. IEEE Journal of Oceanic Engineering, 2011, 36(4): 615-626.

[76] WALSH J, HUANG W, GILL E. The second-order high frequency radar ocean surface cross section for an antenna on a floating platform [J]. IEEE Transactions on Antennas and Propagation, 2012, 60(10): 4805-4813.

[77] WALSH J, HUANG W, GILL E W. The second-order high frequency radar ocean surface foot-scatter cross section for an antenna on a floating platform[J]. IEEE Transactions on Antennas and Propagation, 2013, 61(11): 5833-5838.

[78] WALSH J, GILL E W, HUANG W, et al. On the development of a high-frequency radar cross section model for mixed path ionosphere-ocean propagation[J]. IEEE Transactions on Antennas and Propagation, 2015, 63(6):2655-2664.

[79] CHEN S, HUANG W, GILL E. A vertical reflection ionospheric clutter model for HF radar used in coastal remote sensing[J]. IEEE Antennas and Wireless Propagation Letters, 2015, 14:1689-1693.

[80] CHEN S, GILL E W, HUANG W. A first-order HF radar cross-section model for mixed-path ionosphere-ocean propagation with an FMCW source[J]. IEEE Journal of Oceanic Engineering, 2016, 41(4): 982-992.

[81] CHEN S, GILL E W, HUANG W. A high-frequency surface wave radar ionospheric clutter model for mixed-path propagation with the second-order sea scattering [J]. IEEE Transactions on Antennas and Propagation, 2016, 64(12): 5373-5381.

[82] CHEN S, HUANG W, GILL E W. First-order bistatic high-frequency radar power for mixed-path ionosphere-ocean propagation[J]. IEEE Geoscience and Remote Sensing Letters, 2016, 13(12): 1940-1944.

[83] 万显荣, 杨子杰, 张景伟. 高频地波雷达距离混叠与距离模糊研究[J]. 电波科学学报, 2009, 24(5): 891-894.

[84] 尚尚, 张宁, 李杨. 高频地波雷达电离层回波统计分析[J]. 电波科学学报, 2011, 26(3): 521-527.

[85] 赵龙. 多相屏模型下电离层散射信号起伏的统计特性[J]. 电波科学学报, 2007, 22: 121-125.

[86] 尚尚, 张宁, 李洋. 高频地波雷达中电离层回波的检测与特性分析[J]. 遥测遥控, 2010(6): 394-398.

[87] 吴敏. 高频地波雷达干扰与杂波抑制方法的研究[D]. 武汉: 武汉大学, 2011: 30-50.

[88] ZHOU H, WEN B, WU S. Ionosphere probing with a high frequency surface wave radar[J]. Progress in Electromagnetics Research, 2011, 20: 203-214.

[89] 于洋. 高频地波雷达电离层高度信息获取研究[D]. 哈尔滨: 哈尔滨工业大学, 2013: 27-44.

[90] 姜国俊. 基于高频雷达的电离层 F_2 层临界频率估计研究[D]. 哈尔滨: 哈尔滨工业大学, 2014: 33-42.

[91] 白海洋. 电离层回波多普勒特性的研究[D]. 哈尔滨: 哈尔滨工业大学, 2012: 16-36.

[92] 薛永华, 柴勇, 刘宁波. 天波雷达电离层信道建模[J]. 电波科学学报, 2013, 28(5): 862-868.

[93] RIDDOLLS R J. Mitigation of ionospheric effects on high frequency surface wave radar[R]. Defence Research and Development Canada Ottawa (ONTARIO), 2006.

[94] RIDDOLLS R J. Modification of a high frequency radar echo spatial correlation function by propagation in a linear plasma density profile [R]. Defence Research and Development Canada Ottawa (ONTARIO), 2011.

[95] RAVAN M, RIDDOLLS R J, ADVE R S. Ionospheric and auroral clutter models for HF surface wave and over-the-horizon radar systems [J]. Radio Science, 2012, 47(03): 1-12.

[96] CHEN S. Ionospheric clutter models for high frequency surface wave radar[D]. St. Johns: Memorial University of Newfoundland, 2017.

[97] BOOKER H G. A theory of scattering by nonisotropic irregularities with application to radar reflections from the aurora [J]. Journal of Atmospheric and Terrestrial Physics, 1956, 8(4): 204-221.

[98] SCHLEGEL K. Coherent backscatter from ionospheric E-region plasma irregularities[J]. Journal of Atmospheric and Terrestrial Physics, 1996,

58(8-9)：933-941.

[99] WALKER A D M, GREENWALD R A, BAKER K B. Determination of the fluctuation level of ionospheric irregularities from radar backscatter measurements[J]. Radio science，1987，22(05)：689-705.

[100] BAUER S J. An apparent ionospheric response to the passage of hurricanes[J]. Journal of Geophysical Research，1958，63（1）：265-269.

[101] 沈长寿. 台风与电离层 f_0F_2 相关性的探讨[J]. 空间科学学报，1982，2（4）：335-340.

[102] 刘依谋，王劲松，肖佐，等. 台风影响电离层 F_2 区的一种可能机制[J]. 空间科学学报，2006，26(2)：92-97.

[103] 肖赛冠，郝永强，张东和，等. 电离层对台风响应的全过程的特例研究[J]. 地球物理学报，2006，49(3)：623-628.

[104] 肖赛冠，张东和，肖佐. 台风激发的声重力波的可探测性研究[J]. 空间科学学报，2007，27(1)：35-40.

[105] ISAEV N V，SOROKIN V M，CHMYREV V M，et al. Disturbance of the electric field in the ionosphere by sea storms and typhoons[J]. Cosmic Research，2002，40(6)：547-553.

[106] SOROKIN V M，ISAEV N V，YASCHENKO A K，et al. Strong DC electric field formation in the low latitude ionosphere over typhoons[J]. Journal of Atmospheric and Solar-Terrestrial Physics，2005，67(14)：1269-1279.

[107] KAZIMIROVSKY E，HERRAIZ M，MORENA B A D L. Effects on the ionosphere due to phenomena occurring below it[J]. Surveys in Geophysics，2003，24(2)：139-184.

[108] CHOU M，LIN C，YUE J，et al. Concentric traveling ionosphere disturbances triggered by Super Typhoon Meranti（2016）[J]. Geophysical Research Letters，2017，44(3)：1219-1226.

[109] SONG Q，DING F，ZHANG X，et al. GPS detection of the ionospheric disturbances over China due to impacts of Typhoons Rammasum and Matmo[J]. Journal of Geophysical Research：Space Physics，2017，122(1)：1055-1063.

[110] KONG J，YAO Y，XU Y，et al. A clear link connecting the troposphere and ionosphere：Ionospheric reponses to the 2015 Typhoon

Dujuan[J]. Journal of Geodesy, 2017, 91:1087-1097.

[111] CHERNIGOVSKAYA M A , KURKIN V I , OINATS A V , et al. Ionosphere effects of tropical cyclones over the Asian region of Russia according to oblique radio-sounding data[J]. Proceedings of SPIE — The International Society for Optical Engineering, 2014, 9292 (92925E):1-9.

[112] DART L B, SHARKOV E A. Main results of recent investigations into the physical mechanisms of the interaction of tropical cyclones and the ionosphere[J]. Izvestiya, Atmospheric and Oceanic Physics, 2016, 52 (9): 1120-1127.

[113] LI Z, JIA C, HUANG D. Research on characteristics of ionospheric echo based on ocean[C]// Xi'an: 2016 IEEE Advanced Information Management, Communicates, Electronic and Automation Control Conference (IMCEC). IEEE, 2016: 15-18.

第 2 章　高频电波在电离层中的传播机理

2.1　概　　述

　　高频地波雷达电离层回波由电离层对入射 HF 电磁波的反射、折射等调制所产生,该调制过程既与电离层自身的物理特性有关,又与 HFSWR 系统参数有关。电离层是由太阳紫外辐射以及 X 线辐射所产生的高层大气,位于60~1 000 km高度,包括热层、部分的中间层与外大气层,处于地球磁层内部。电离层中存在着大量复杂的化学反应,控制着电子密度和离子密度等电离层物理特性。同时,由于地磁场的作用,电离层呈现各向异性特征,因此电离层是一种不均匀随机起伏的离化介质。对于入射的电磁波,电离层相当于一个时变滤波器,对雷达信号在时域、频域、角度域及极化域进行复杂的调制。

　　电离层是位于地球大气层上方的一个电离区域,从离地面约 50 km 开始一直伸展到约 1 000 km 高度的地球高层大气空域,其中存在相当多的自由电子和离子,能使无线电波改变传播速度,发生折射、反射和散射,产生极化面的旋转并受到不同程度的吸收。电离层由于太阳辐射射线中的 X 射线以及紫外线的照射,其内部的诸多气体,如氧气、氮气等,会产生电离,从而形成一个充分电离的等离子体气团。由于电离的过程是动态平衡的,因此,这个等离子体气团的大小、密度、高度等都是随着电离作用的强弱而不断变化。影响电离过程强弱的最主要因素就是阳光的照射,因此电离层的各种性状受太阳的影响非常大。比如,电离层通常在白天厚度较大,高度较低;而在夜晚,电离层范围会缩小很多。又比如,在北半球,电离层在冬季的活动比较弱,夏季比较强;而在南半球,情况恰好相反——夏季较强,冬季较弱。这是太阳在北半球的冬季距离北半球较远、距离南半球较近所导致的。除此以外,在太阳活动剧烈的时候,比如太阳黑子增加、耀斑爆发、太阳风爆发等,电离层的活动也会发生非常严重的扰乱。太阳辐射使部分中性分子和原子电离为自由电子和正离子,它在大气中穿透越深,强度(产生电离的对流层传播,电离层传播能力)越趋减弱,而大气密度逐渐增加,于是,在某一高度上出现电离的极大值。大气不同成分,如分子氧、原子氧和分子氮等,在空间的分布是不均匀的。它们被不同波段的辐射所电离,形成各自的极值区,从而导致电离层的层状结构。

　　因此,本章首先介绍电离层的空间分层结构、离子成分分布以及电离平衡方程等物理特性[1],尤其对电离层中的离子化学反应机理进行重点研究,针对描述该化学机制的反应扩散偏微分方程组,从数学角度对三种边界条件下的电子密度时空变化过程进行仿真分析,展现了电子密度随反应的时空变化全过程。然后介绍电离层基本理论模型、高频电磁波在电离层中的传播机理,以及天波传播路径的轨迹模型,并结合实测高频地波雷达数据进行观测分析。

2.2　电离层物理特性概述

2.2.1　电离层分层结构

　　图 2.1 为电离层光电离产生的各种主要离子分布以及电子密度垂直剖面分布,二者均呈现分层结构。常分为 D 层、E 层(Es 层)、F 层(F₁、F₂ 层)。一般 D 层和 E 层在白天具有较高的电子密度,晚上电子密度很低甚至消失。而 F 层与其相反,往往出现在晚上。其中 F_2 层日夜都存在,并且对无线电波传播的反射、折射起最主要的作用。

　　D 层属于电离层中最内层,距离地球表面 60~90 km,是多原子离子团的稀薄层,密度为 10^8~10^{10} m^{-3}。由于 D 层的离子复合速率较高,因此中性分子比离子成分多。D 层会对 MF(Medium Frequency)和 HF 波段的低频端产生吸收衰减,因为入射的电磁波会导致电子运动,引发其与中性分子碰撞,从而使电波能量衰减。频段越低,则导致的电子运动速度越快,进而与中性分子碰撞越频繁,于是吸收衰减越大。这是 D 层对 HF 电磁波吸收的主要原因,尤其是 10 MHz 以下。在每天的正午时刻 D 层吸收最大,晚上由于 D 层厚度变薄,因此衰减变小。太阳活动对 D 层起主导作用,而宇宙射线只起到小部分作用。因此 D 层呈现昼夜与季节性变化,在白天强于夜晚,夏季强于其他季节。

　　E 层是中间层,距离地表为 90~150 km,这部分主要是软 X 射线与远紫外线对氧分子 O_2^+ 的电离。可对 10 MHz 以下电磁波产生反射作用,密度为 10^9~10^{11} m^{-3}。E 层垂直结构主要由电离作用和复合作用决定。夜晚 E 层密度开始降低甚至消失,这是主要电离源不存在的缘故。类似于 D 层,E 层电子密度也呈现昼夜与季节性变化。

　　Es 层也称为偶发 E 层(Sporadic E—layer),具有尺度小、厚度薄、电离度高等特性,强度大时甚至可对高达 225 MHz 的无线电波产生反射。Es 层可持续数分钟到数小时不等,其产生的原因目前还在研究中,可能与该层中间的薄金属

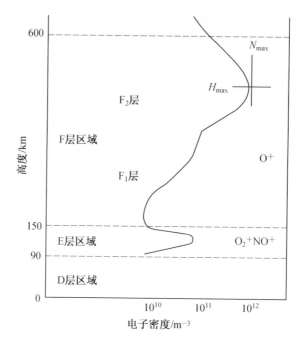

图 2.1　电离层主要离子分布及电子密度重点剖面分布

原子离化（M^+）层有关。夏季是偶发 Es 层的高峰期,持续时间也比冬季久。

　　F 层位于地表以上 $150\sim500$ km,这是所有层中电子密度最高的,一旦无线电波穿透,就意味着逃逸。该层主要由电离的氧原子 O^+ 构成,其电子密度为 $10^{11}\sim10^{12}$ m^{-3}。F 层往往白天分裂为 F_1、F_2 层,F_1 的电子密度仅次于 F_2 层,夜晚时合并为一层。由于 F_2 层昼夜都存在,因此可实现天波超视距传播以及短波通信。

　　综上所述,电离层各层的物理特性与化学反应和太阳辐射活动、低层中性大气层和磁场的耦合运输以及地磁场等密切相关,这种高度时变的特性决定了电离层回波的复杂性。

2.2.2　电离平衡方程

　　电离层的物理过程大致分为两类:导致电离物产生和消失的光化学过程以及引起电离物运动的输运过程。在 D、E 层这样的低电离层,光化学过程起主要控制作用,F 层为介于光化学过程与输运过程之间的过渡区。这两类物理过程会影响到 HFSWR 电离层回波在距离域、空域以及 Doppler 域的分布特性。

　　描述控制以上两类物理过程对电子密度影响的方程为电离连续性方程或电离平衡方程:

$$\frac{\partial N}{\partial t}=q-L(N)-\nabla\cdot(NV) \qquad (2.1)$$

式中　N——电子密度；

　　　　q——单位时间、单位体积内离子－电子对的产生率；

　　　　$L(N)$——单位时间、单位体积内离子－电子对的损失率，是电子密度 N 的函数；

　　　　V——电离层整体漂移速度。

电离产生过程是太阳紫外辐射及 X 射线对中性大气电离的结果，其中在 100 km 以上，波长小于 102.6 nm 的紫外辐射对 O、O_2 和 N_2 进行电离而形成了 E、F 层的主体；电离损失反应过程主要分为三类，控制 D 层的离子－离子复合、离子－电子复合以及控制 E、F 层的离子－原子复合；输送过程引起的电子密度损失为通量 NV 的散度 $\nabla\cdot(NV)$。

在许多情况下，可以假设 NV 只随高度 z 变化，则电离平衡方程式(2.1)可简化为

$$\frac{\partial N}{\partial t}=q-L(N)-\frac{\partial(NV)}{\partial z} \qquad (2.2)$$

因此，电离层中电子密度的分布与离子－电子对的损失率及电子漂移速度有关。一般认为光化学过程对 200 km 以下的电离层物理过程起控制作用，可忽略输运过程，于是散度项为零，电离平衡方程变为

$$\frac{\partial N}{\partial t}=q-L(N) \qquad (2.3)$$

在平衡状态下，有光化学平衡方程，即

$$q=L(N) \qquad (2.4)$$

同理，当输运作用控制电离层物理过程时，有漂移平衡方程，即

$$q=\nabla\cdot(NV) \qquad (2.5)$$

在不考虑输运过程时，电离层中电子密度的分布服从 Chapman 层，只与离子的损失过程有关，与实际的 E 层、F_1 层较为符合。常用的抛物层分布与 Chapman 层的一阶 Maclaurin 展开近似，在电离层电子密度峰值附近及下部区域，二者符合度很高。因此本书第 3 章将使用抛物层模型来描述电子密度分布。

以下重点研究电离层中的离子损失过程机理，即电离平衡方程式(2.2)中的 $L(N)$。

2.3 电离层离子反应扩散过程

2.3.1 离子损失过程

一般而言,电离层分层是以电子密度随高度的分布为其特征,并且主要是电子对 HF 电磁波传播造成影响。然而,实际上电离层电子密度的分布却是由离子成分及其化学反应控制的。因此有必要对 E、F 层中最基础的各种离子成分间的化学反应机理进行研究。

以 X、Y 等表示中性离子,X^+、Y^- 表示正、负离子,以 X^* 表示某种激发态离子。由于 E、F 层中参与反应的离子大多数初态为原子离子,因此损失反应过程不是直接发生的,而是经历了两步过程:

(1)离子－原子交换(γ)

$$X^+ + YZ \longrightarrow (XY)^+ + Z \qquad (2.6)$$

(2)分解复合过程(α)

$$(XY)^+ + e \longrightarrow (XY)^* \rightarrow X^* + Y \qquad (2.7)$$

上式中的 α、γ 分别表示反应速率系数。

E 层中的主要离子成分是分子离子 NO^+、O_2^+,反应过程主要由式(2.7)控制;F 层的主要离子成分是原子离子 O^+,原子离子由光电离产生,很难与电子直接发生复合反应,因此要经历式(2.6)、式(2.7)两步过程。

以 $[A^+]$、$[M^+]$ 和 N 表示原子离子、分子离子和电子密度,假设离子－原子化学反应只包括一种中性分子,密度为 $[M]$,并且忽略光电离直接产生的分子离子。则电离层连续方程可表示为

$$\frac{\mathrm{d}N}{\mathrm{d}t} = q - \alpha N \cdot [M^+] \qquad (2.8)$$

$$\frac{\mathrm{d}[A^+]}{\mathrm{d}t} = q - \gamma \cdot [M] \cdot [A^+] \qquad (2.9)$$

$$\frac{\mathrm{d}[M^+]}{\mathrm{d}t} = \gamma \cdot [M] \cdot [A^+] - \alpha N \cdot [M^+] \qquad (2.10)$$

电中性要求

$$N = [A^+] + [M^+] \qquad (2.11)$$

当处于平衡状态时,$\dfrac{\mathrm{d}}{\mathrm{d}t} = 0$,并且假设中性分子密度 $[M]$ 是高度的函数,随高度增加而指数减少,记

$$\gamma \cdot [M] = \beta(h) \qquad (2.12)$$

常微分方程(Ordinary Differential Equation, ODE)组式(2.8)~(2.10),实际上只有 2 个独立的 ODE,联合后可得关于电子密度唯一的正稳态解为

$$N = \left(\frac{q}{2\beta}\right)\left(1 + \sqrt{1 + \frac{4\beta^2}{\alpha q}}\right) \qquad (2.13)$$

考虑两种极端情况:

(1)当 $4\beta^2 \gg \alpha q$ 时有

$$N = N(\alpha) = \sqrt{\frac{q}{\alpha}} \qquad (2.14)$$

即当 $[M^+] \gg [A^+]$ 时,电子损失率服从平方关系

$$q = \alpha N^2 \qquad (2.15)$$

(2)当 $4\beta^2 \ll \alpha q$ 时有

$$N = N(\beta) = \frac{q}{\beta} \qquad (2.16)$$

即当 $[M^+] \ll [A^+]$ 时,电子损失率服从线性关系

$$q = \beta N \qquad (2.17)$$

E 层以分子离子占优,因此(1)情况成立;F 层则以上两种情况均成立。式(2.14)、式(2.16)就是 Chapman 层的理论来源,在一定假设条件下,电子密度分布分别为 Chapman-α 层和 Chapman-β 层的表达式。

2.3.2　离子反应扩散方程组

在电离层中多个离子-原子交换反应中,以下三个化学反应最为重要:

$$O^+ + N_2 \longrightarrow (NO)^+ + N \qquad (2.18)$$

$$O^+ + O_2 \longrightarrow O_2^+ + O \qquad (2.19)$$

$$O_2^+ + N \longrightarrow NO^+ + O \qquad (2.20)$$

在 120 km 以上,氧原子 O^+ 是主要的电离成分,电离层中主要的离子交换化学反应为式(2.18),随后是 NO^+ 的电离分解反应

$$(NO)^+ + e \longrightarrow N^* + O^* \qquad (2.21)$$

对应式(2.9)、式(2.10),$[A^+]$ 为氧离子 O^+ 密度,$[M^+]$ 为 NO^+ 密度。如果忽略光复合反应,保持准中性条件成立,则有

$$[O^+] + [NO^+] = N \qquad (2.22)$$

经典的 Chapman 层电子密度分布表达式源自 ODE 组式(2.8)~(2.10)的稳态解。如果从数学上考虑,常微分方程仅为偏微分方程(Partial Differential Equation, PDE)的特殊情形,而且在化学反应中往往具有扩散项,而 ODE 中仅有反应项[2]。因此更全面描述电离层中化学反应的方程组[式(2.9)、式(2.10)

的 PDE 形式]应为

$$
\begin{cases}
\dfrac{\partial u}{\partial t}-d_1\Delta u=q-\gamma u[\mathrm{N_2}], & t>0,x\in\Omega \\[2mm]
\dfrac{\partial v}{\partial t}-d_2\Delta v=\gamma u[\mathrm{N_2}]-\alpha(u+v)v, & t>0,x\in\Omega \\[2mm]
u(x,0)=u_0(x)>0,v(x,0)=v_0(x)>0, & x\in\Omega
\end{cases} \tag{2.23}
$$

其中 $u=[\mathrm{O^+}]$，$v=[\mathrm{NO^+}]$，$\Omega\subset\mathbf{R}^n$ 上的光滑区域，Δ 为 Laplace 算子，d_1、d_2 分别为扩散系数，$u_0(x)$、$v_0(x)$ 为参与反应的氧离子 $\mathrm{O^+}$ 和 $\mathrm{NO^+}$ 密度的初值。如果在 $t>0$、$0<x<\infty$ 或 $0<x<l$ 上求解，则还要根据不同情况加上不同的边界条件：

$$
u(0,t)=u_1(t),\quad u(l,t)=u_2(t)\quad(\text{Dirichler 条件}) \tag{2.24}
$$

$$
\frac{\partial u(0,t)}{\partial t}=u_1(t),\quad \frac{\partial u(l,t)}{\partial t}=u_2(t)\quad(\text{Neumann 条件}) \tag{2.25}
$$

或者二者的线性组合 Robin 条件。

假设 $[\mathrm{N_2}]$ 与 $[\mathrm{O^+}]$ 相同，其物理意义是在式(2.18)的反应中，参与反应的 $[\mathrm{N_2}]$ 密度与 $[\mathrm{O^+}]$ 密度相同。则式(2.23)可化为

$$
\begin{cases}
\dfrac{\partial u}{\partial t}-d_1\Delta u=q-\gamma u^2, & t>0,x\in\Omega \\[2mm]
\dfrac{\partial v}{\partial t}-d_2\Delta v=\gamma u^2-\alpha(u+v)v, & t>0,x\in\Omega \\[2mm]
u(x,0)=u_0(x)>0,v(x,0)=v_0(x)>0, & x\in\Omega
\end{cases} \tag{2.26}
$$

2.3.3 不同边界条件下的数值仿真

任何二阶 PDE 的求解都需要加入边界条件，而边界条件又与实际物理问题的背景相关。对于电离层而言，在底部区域，如果忽略运输作用，可以假定其离子密度均为固定值，即满足 Dirichler 边界条件；在 $\mathrm{F_2}$ 峰值高度 $h_m\mathrm{F_2}$ 处(上边界处)，离子不再向外扩散，即满足 Neumann 边界条件；中间区域满足 Robin 边界条件[3]。当然由于电离层结构的复杂多变特性，这三种边界情况都有可能在其他地方发生，因此本节从纯数学角度，对这三种边界条件下的反应扩散方程组(2.26)进行仿真模拟。根据实验观测及大气理论模型的研究结果[4]，在 $130\sim$ $300\ \mathrm{km}$ 的电离层中，离子产生率 $q\approx10^9\ \mathrm{m^{-3}\cdot s}$；E 层交换反应速率 $\alpha\approx$ $10^{-16}\ \mathrm{m^{-3}\cdot s}$；F 层交换反应速率 $\alpha=10^{-18}\sim10^{-17}\ \mathrm{m^{-3}\cdot s}$；E 层分解复合反应速率 $\gamma=10^{-14}\sim10^{-13}\ \mathrm{m^{-3}\cdot s}$；F 层分解复合反应速率 $\gamma=10^{-15}\sim10^{-14}\ \mathrm{m^{-3}\cdot s}$。本仿真中取 $\alpha=10^{-17}\ \mathrm{m^{-3}\cdot s}$，$\gamma=10^{-14}\ \mathrm{m^{-3}\cdot s}$，初值条件设定 $u_0(x,0)=$ $10^{11}\ \mathrm{m^{-3}}$，$v_0(x,0)=10^9\ \mathrm{m^{-3}}$。$x\in[0,1]$，$t\in[0,100]$。

（1）Robin 边界条件下仿真。

图 2.2 为 Robin 边界条件下的仿真模拟，仿真参数设置如下：$\frac{\partial u}{\partial x}(0,t)\equiv 0$，$v(0,t)\equiv 10^9\,\text{m}^{-3}$，$u(1,t)\equiv 10^{11}\,\text{m}^{-3}$，$\frac{\partial v}{\partial x}(1,t)\equiv 0$，图 2.2(a)～(d) 中反应扩散系数仿真参数 $d_1=0.1$，$d_2=0.01$。图 2.2(a) 为氧离子密度 $[\text{O}^+]$ 的时空分布图，可见初始反应时刻后，离子密度分布变化快速，然后趋于稳定状态。其分布特征更多与空间有关。图 2.2(b) 为氧氮化合物离子密度 $[\text{NO}^+]$ 的时空分布图，随着时间和空间的增加，离子密度呈非线性递增趋势，其分布特征与时间、空间均有关系。图 2.2(c) 为总电子密度 $[\text{O}^+]+[\text{NO}^+]$ 的时空分布二维图，呈现非线性扩散状态，其分布特征与时间、空间均有关系。图 2.2(d) 为总电子密度 $[\text{O}^+]+[\text{NO}^+]$ 的时空分布三维图，可更明显地看到这种非线性反应动力学扩散过程。图 2.2(e)、(f) 分别为总电子密度 $N(x,t)$ 的二维和三维分布图，反应扩散系数仿真参数为 $d_1=0.1$，$d_2=0.001$，可见随着反应扩散系数的减小，总电子密度在时间、空间的扩展幅度和强度均呈降低趋势。这类分布特征可能与 HFSWR 观测到的不稳定扩散型电离层形态类似。

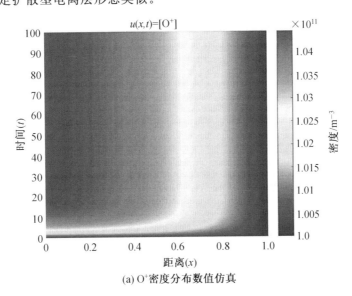

(a) O⁺密度分布数值仿真

图 2.2　Robin 边界条件下离子密度、电子密度分布仿真

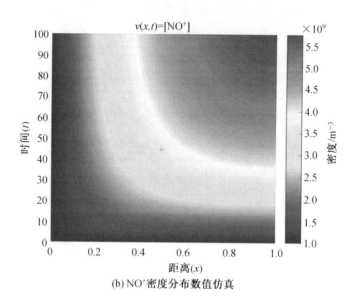

(b) NO⁺密度分布数值仿真

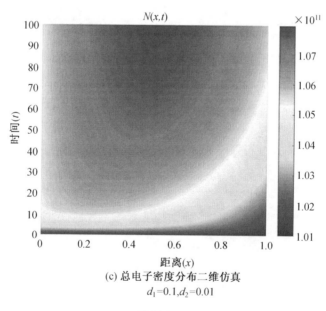

(c) 总电子密度分布二维仿真

$d_1=0.1, d_2=0.01$

续图 2.2

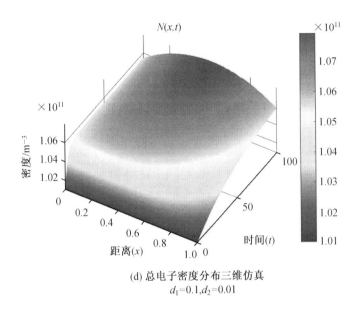

(d) 总电子密度分布三维仿真
$d_1=0.1, d_2=0.01$

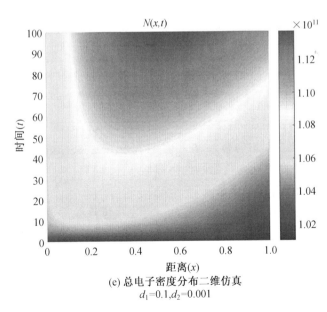

(e) 总电子密度分布二维仿真
$d_1=0.1, d_2=0.001$

续图 2.2

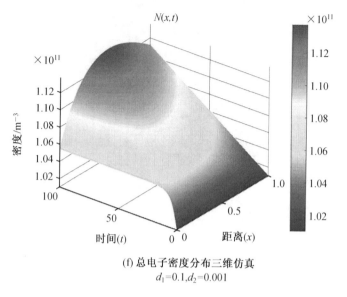

(f)总电子密度分布三维仿真
$d_1=0.1, d_2=0.001$

续图 2.2

（2）Neumann 边界条件下仿真。

对于高频雷达系统而言，更关注的是总电子密度的变化趋势，而非单个离子密度的变化，因此以下均只给出总电子密度的分布仿真图。图 2.3 为 Neumann 边界条件下的仿真模拟，仿真参数设置如下：$\dfrac{\partial u}{\partial x}(0,t)=\dfrac{\partial v}{\partial x}(0,t)=\dfrac{\partial u}{\partial x}(1,t)=\dfrac{\partial v}{\partial x}(1,t)\equiv 0$，反应扩散系数仿真参数 $d_1=0.1, d_2=0.01$。图 2.3(a)为总电子密度时空分布二维图，图 2.3(b)为总电子密度时空分布三维图，从图可见，总电子密度随时间增加而单调均匀增大，与所处空间位置无关。这种分布特征可能与 HFSWR 观测到的均匀稳定扩散的电离层形态类似。

（3）Dirichler 边界条件下仿真。

图 2.4 为 Dirichler 边界条件下的仿真模拟，仿真参数设置如下：$u(0,t)=u(1,t)\equiv 10^{11}\,\mathrm{m}^{-3}$，$v(0,t)=v(1,t)\equiv 10^{9}\,\mathrm{m}^{-3}$，图 2.4(a)、(b)中反应扩散系数仿真参数 $d_1=0.1, d_2=0.01$。图 2.4(a)为总电子密度时空分布二维图，图 2.4(b)为总电子密度时空分布三维图，从图可见，初始时刻后，密度分布变化快速，然后趋于稳定状态。电子密度最大值位于中间区域，两侧呈现逐渐递减趋势。图2.4(c)、(d)分别为总电子密度 $N(x,t)$ 的二维和三维分布图，反应扩散系数仿真参数为 $d_1=0.1, d_2=0.001$，随着反应扩散系数的减小，总电子密度在时间、空间呈现出的扩散幅度和强度均下降。这种分布特征可能与 HFSWR 距离域

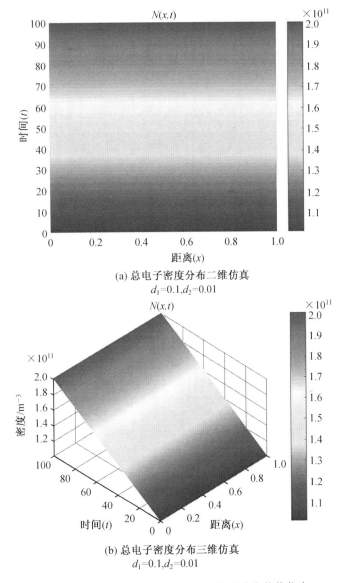

(a) 总电子密度分布二维仿真
$d_1=0.1, d_2=0.01$

(b) 总电子密度分布三维仿真
$d_1=0.1, d_2=0.01$

图 2.3　Neumann 边界条件下电子密度分布数值仿真

呈现中间集中、两侧递减的电离层形态类似。

综上所述,在不同边界条件下,总电子密度的时空分布形态特征也不尽相同。电离层电子密度的变化不仅与离子反应项有关,还与扩散项相关。除Neumann 边界外,随扩散系数的增大,总电子密度随时间在空间的非线性扩散也越严重,强度也越高。

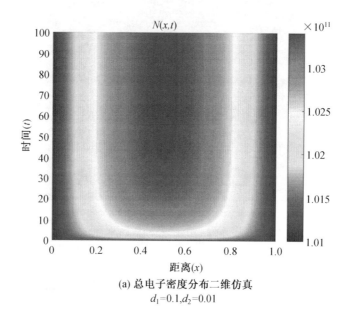

(a) 总电子密度分布二维仿真
$d_1=0.1,d_2=0.01$

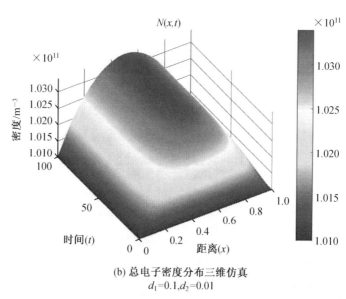

(b) 总电子密度分布三维仿真
$d_1=0.1,d_2=0.01$

图 2.4　Dirichler 边界条件下电子密度分布数值仿真

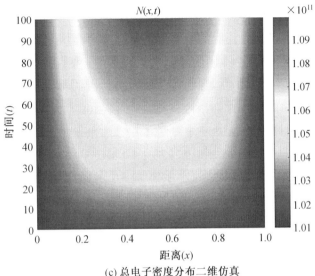

(c) 总电子密度分布二维仿真
$d_1=0.1, d_2=0.001$

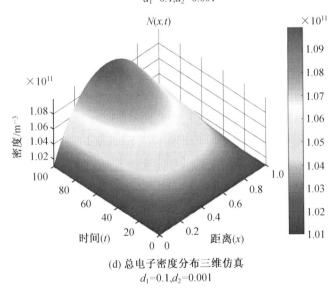

(d) 总电子密度分布三维仿真
$d_1=0.1, d_2=0.001$

续图 2.4

2.4　电离层基本理论简介

2.4.1　常用电离层模型

以上具体介绍了电离层的形成机理、分层结构等,下面介绍常用的几种电离层模型。电离层模型指的是影响电波传播路径的电子密度剖面的数学表达式。电离层电子密度剖面模型可分为两大类:一类是由数学表达式描述的电离层电子密度剖面,如线性层、指数层、抛物层等[5,6],这是一种理论模型。另一类是经验模型,是在对电离层长期观测的基础上统计分析得到的,如 Chapman 层、国际参考电离层(IRI)以及中国参考电离层等电子密度剖面模型。

这里主要介绍几种较简单的电离层模型:

(1)线性模型

$$N(h) = N(h_0) + a(h - h_0), \quad h > h_0 \tag{2.27}$$

式中　h_0——电离层底部高度;

　　　a——电离层半厚度。

(2)抛物模型

$$N(h) = \begin{cases} N_m \left[1 - 2 \left(\dfrac{h - h_m}{a} \right)^2 \right], & |h - h_m| < a \\ 0, & |h - h_m| \geqslant a \end{cases} \tag{2.28}$$

式中　N_m——电离层电子密度最大值;

　　　h_m——电离层电子密度峰值所在高度。

(3)抛物平方模型

$$N(h) = \begin{cases} N_m \left[1 - 2 \left(\dfrac{h - h_m}{a} \right)^2 \right]^2, & |h - h_m| < a \\ 0, & |h - h_m| \geqslant a \end{cases} \tag{2.29}$$

(4)指数模型

$$N(h) = N(h_0) \exp \left(\dfrac{h - h_0}{a} \right), \quad h > h_0 \tag{2.30}$$

(5)双曲正割平方模型(查普曼模型)

$$N(h) = N_m \sec h^2 \left(\dfrac{h - h_0}{a} \right) \tag{2.31}$$

各个模型的电离层电子密度分布如图 2.5 所示。

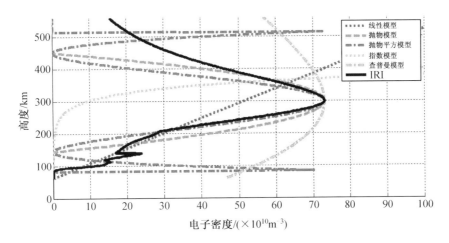

图 2.5　不同模型的电离层电子密度分布示意图

2.4.2　电磁波在电离层中的折射特性

下面简要分析电离层电子密度服从线性模型时的情况,此时电子密度数学表达式为

$$N(h) = N(h_0) + a(h - h_0), \quad h > h_0 \tag{2.32}$$

式中　N——电子密度,10^{10} m^{-3};

h——海拔高度,km;

h_0——电离层下表面高度,km。

为方便分析,将电离层划分成无数小薄层。每一层折射率与电子密度有关,因为每个小薄层电子密度不一样,所以其折射率也不同。等离子体折射率公式为

$$n = \sqrt{1 - \frac{80.8 N_e}{f^2}} \tag{2.33}$$

对于线性模型电离层,电子密度随高度增加而增大。相应地折射率也就随高度减小而增大。折射公式为

$$\frac{\sin \varphi_i}{\sin \varphi_j} = \frac{n_j}{n_i} \tag{2.34}$$

因此,电离层中电磁波的折射角随电离层折射率增大而增大。当电波非垂直入射后,在电离层线性模型中传播时,传播角度不断降低。具体如图 2.6 所示。

可见电波在线性模型每个薄层相邻分界面都会折射,由于电子密度不断增加,折射率随之降低,出射角也不断减小。

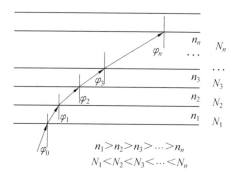

图 2.6　电波在电离层内折射示意图

电磁波有两种入射方式:垂直入射和非垂直入射。

首先介绍非垂直入射电波入射到电离层后,其在电离层内的传播特性。电磁波以一入射角 φ_0 入射到电离层的底部,会于第一薄层分界处产生折射现象。由折射定律得

$$\frac{\sin \varphi_1}{\sin \varphi_0} = \frac{n_0}{n_1} \tag{2.35}$$

之后电磁波从第一薄层用 φ_1 作为入射角,进入第二薄层界面,得到

$$\frac{\sin \varphi_2}{\sin \varphi_1} = \frac{n_1}{n_2} \tag{2.36}$$

接着入射到各个薄层后有

$$\frac{\sin \varphi_3}{\sin \varphi_2} = \frac{n_2}{n_3} \tag{2.37}$$

$$\cdots$$

$$\frac{\sin \varphi_n}{\sin \varphi_{n-1}} = \frac{n_{n-1}}{n_n} \tag{2.38}$$

将上列式子全部相乘,可得

$$\frac{\sin \varphi_n}{\sin \varphi_0} = \frac{n_0}{n_n} \tag{2.39}$$

若电磁波产生全发射,即电磁波出射角 φ_n 为 90°时,此时有

$$n_n = n_0 \sin \varphi_0 \tag{2.40}$$

当电磁波垂直入射时,可将其看作特殊的非垂直入射电磁波,即当入射角 $\varphi_0 = 0$°时的情形,此时有

$$n_n = n_0 \sin \varphi_0 = 0 \tag{2.41}$$

随着发射频率的增加,反射回来的电磁波越来越少。当达到某一频率时,电磁波发生全透射,此时对应的电磁波发射频率为电离层临界频率。

首先将电离层折射率公式(2.33)代入式(2.41),得到

$$\sin \varphi_0 = n_n = \sqrt{1 - \frac{80.8 N_n}{f^2}} \qquad (2.42)$$

因此

$$f = f(z) = \sqrt{80.8 N(z)} \sec \varphi_0 \qquad (2.43)$$

假设电离层最大电子密度为 $N_{\max}$,入射角为 φ_0,电波发生全发射时对应的频率为

$$f_{\mathrm{MUF}} = \sqrt{80.8 N_{\max}} \qquad (2.44)$$

f_{MUF} 又被称作最大可用频率(Maximum Usable Frequency,MUF)。

由式(2.43)可见,φ_0 越小,f_{MUF} 越小。照此可知,电波垂直入射时 f_{MUF} 最小。此时最大可用频率为电离层临界频率。其关系如图 2.7 所示。

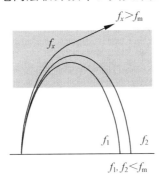

图 2.7　电磁波临界频率示意图

因为 $\sec \varphi_0$ 总是大于 1,所以若要保证电磁波在电离层内被全反射,就必须要保证电磁波的频率小于最大可用频率。否则,电磁波将会穿过电离层,而无法返回。但是,我们知道电离层是一个动态平衡的过程,其内部有很多不确定因素,会导致电离层的电子密度发生不均匀、不规则的变化,这样会引起折射率的变化,从而导致最大可用频率的变化。所以,为了保证电磁波被电离层有效地折射反射,一般将电磁波的频率设置在最大可用频率的 15% 以下,以保证电磁波不会穿出电离层。

2.4.3　斜向传播定理

考虑无地球磁场、忽略碰撞以及平面电离层模型下,当高频电磁波在相同的电离层高度反射时,斜向传播与垂直入射可由以下三个定理联系起来:第一等量定理(等效路径定理)、第二等量定理(等效虚高定理)及正割定理[7]。其中各个符号的定义如下:G 为地心,T 为雷达发射天线位置点,R 为雷达接收天线位置

点，A、B 分别为电磁波在电离层中的入射点和出射点，O' 为电磁波在电离层中的实际反射点，O 为电磁波的等效反射点，θ 为电磁波发射仰角，φ 为电磁波进入电离层的入射角，Z_{omp} 为电磁波的实际反射高度，Z_e 为电磁波反射虚高。

（1）Breit 和 Ture 定理（等效路径定理）。

如果电磁波能够以光速沿着虚拟传播路径 A—O—B 传播，那么它走完该路径的时间与它沿着实际传播路径 A—O'—B 传播的时间是相等的。即

$$t_{AOB} = t_{AO'B} \tag{2.45}$$

（2）Martyn 定理（等效虚高定理）。

斜射电磁波的实际反射虚高与等效垂直入射电磁波的反射虚高相同。

（3）正割定理。

若频率为 f_1 的电磁波沿垂直方向入射电离层，频率为 f_2 的电磁波以入射角 φ_0 斜射入电离层，如果它们的实际反射点的高度相同，那么存在以下关系

$$f_2 = f_1 \sec \varphi_0 \tag{2.46}$$

2.5　高频电波天波传播模式分析

对于高频地波雷达而言，电离层回波主要存在几种传播路径模式：天波直接回波路径（包括垂直与斜向两种）、电离层—海面传播路径、多模多径路径等。当电磁波沿地平面照射时，电磁波可以传播到很远的距离。若从高度较低的 E 层反射，假设有效高度为 110 km，E 层一次反射最远可到 2 000 km；若从高度较高的 F_2 层反射，假设有效高度为 320 km，F_2 层一次反射最远可达到 4 000 km。相同的传播距离可能存在几种传播模式的组合，不同的传播模式可能有相同的传播距离。由于高频雷达的作用距离较低，探测范围大致在 E 层和 F 层的 1 跳范围内，故仅研究每一层 1 跳反射的情况。

2.5.1　等效平面镜反射高度与初始仰角

由电离层的分层结构可知，电磁波在电离层中的传播路径是弯曲的。为了获得传播路径的值，根据传播时延相等来定义沿直线传播的等效路径，这条路径与地面的最大距离就是等效平面镜反射高度，示意图如图 2.8 所示。

此处根据 ITU-R P. 533 号报告[8]的建议，E 层传播模式时，等效平面镜反射高度用 h_r 表示，其值为固定值 110 km，而对于 F_2 层传播模式，等效平面镜反射高度是时间、位置、跳跃长度的函数。

仰角适用于高于基本 MUF 的所有频率，由下式算出

$$\beta = \arctan\left(\cot\frac{d}{2R_0} - \frac{R_0}{R_0 + h_r}\csc\frac{d}{2R_0}\right) \tag{2.47}$$

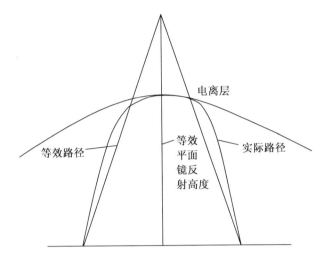

图 2.8　等效平面镜反射高度示意图

式中　　d——大圆距离；

　　　　R_0——地球半径；

　　　　h_r——等效平面镜反射高度。

两种模式初始仰角随距离变化如图 2.9 所示。

从仿真结果可以看到,两种模式下初始仰角的值随距离的增加而逐渐降低,并在距离值为零时仰角值为 90°,即地磁波垂直入射并垂直返回,此外,E 层模式下初始仰角随距离变化较 F_2 层模式剧烈。

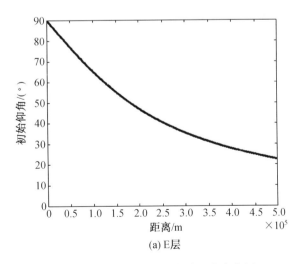

(a) E 层

图 2.9　两种模式初始仰角随距离变化图

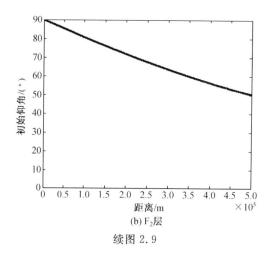
(b) F₂层

续图 2.9

2.5.2　两种传播模式的有效斜距

由于电磁波在空中传播的过程中,将会带来很大的衰减,单次传播过程中衰减和传输路径长度的平方成正比,所以有必要研究到达地面不同距离上电磁波在空中的传输路径,为后续章节电离层方程奠定基础。根据时延等效的原理,假设它在空中沿着直线路径传播,而这条等效的直线传播路径就是我们要研究的有效斜距。上一小节的分析中我们可以得到两种模式的等效平面镜反射高度 h_r 和初始仰角 β,下面根据这两个参数来推导两种模式有效斜距 p 的求解,如图 2.10 所示。

由图 2.10 中的几何关系,可得到

$$\frac{\frac{p}{2}}{\sin \theta} = \frac{R_0}{\sin \varphi} \qquad (2.48)$$

$$\frac{R_0}{\sin \varphi} = \frac{R_0 + h_r}{\sin\left(\beta + \frac{\pi}{2}\right)} \qquad (2.49)$$

图 2.10　有效斜距求解示意图

$$\frac{p}{2} = \sqrt{R_0^2 + (R_0 + h_r)^2 - 2R_0(R_0 + h_r)\cos \theta} \qquad (2.50)$$

$$\theta = \frac{d}{2R_0} \qquad (2.51)$$

$$\sin \varphi = \sin\left[\pi - \left(\frac{\pi}{2} + \beta + \theta\right)\right] = \sin\left(\frac{\pi}{2} - \beta - \theta\right)$$

$$= \cos(\beta + \theta) = \cos\left(\beta + \frac{d}{2R_0}\right) \qquad (2.52)$$

最后可以推导出有效斜距的表达式为

$$p = \frac{2R_0 \sin\left(\dfrac{d}{2R_0}\right)}{\cos\left(\beta + \dfrac{d}{2R_0}\right)} \tag{2.53}$$

式中　d——大圆距离也就是地面距离；

　　　　R_0——地球半径，$R_0 = 6\ 370\ \text{km}$；

　　　　β——射线初始仰角。

下面仿真两种模式下有效斜距随距离变化以及有效斜距随发射频率的变化，如图 2.11 所示。可见对于 E 层模式，随着大圆距离增加，有效斜距不断增加，并在大圆距离为零时出现最小值 220 km，此值即 E 层等效平面镜反射高度的 2 倍。而对于 F_2 层模式，等效平面镜反射高度较 E 层模式时要高，因此可推断出 F_2 层模式电离层回波将对高频地波雷达较远距离目标产生干扰。

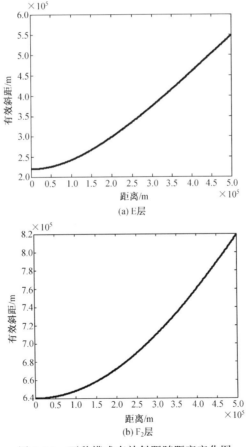

图 2.11　两种模式有效斜距随距离变化图

2.5.3　结合高频地波雷达实测数据分析

下面结合 2009 年春季我国东南沿海某地的高频地波雷达电离层实测数据，分析电离层回波特性随频率、时间等变化特性。

1. 电离层回波距离随频率变化特性

(1)6～10 点电离层回波距离随频率变化图，如图 2.12 所示。

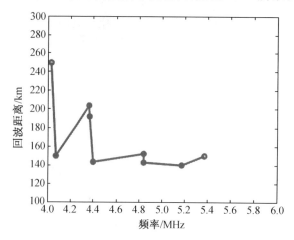

图 2.12　6～10 点电离层回波距离随频率变化图

由图 2.12 可以看出，此时间段内，当工作频率为 4.4～5.4 MHz 时，电离层回波距离较低，分布范围为 140～160 km，对应的主要为 E、Es 层反射回波。

该时间段内，对应的实测雷达 RD 谱如图 2.13 所示。

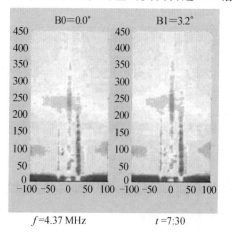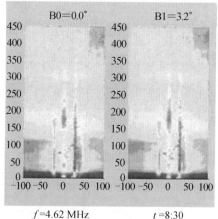

$f=4.37$ MHz　　$t=7:30$　　　　$f=4.62$ MHz　　$t=8:30$

图 2.13　6～10 点雷达 RD 谱

(2)16～20 点电离层回波距离随频率变化图,如图 2.14 所示。

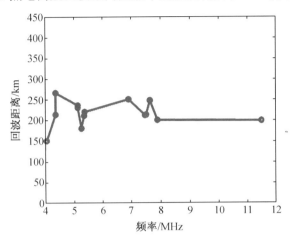

图 2.14　16～20 点电离层回波距离随频率变化图

由图 2.14 看出,此段时间内,电离层回波距离分布在 150～260 km 范围内,对应的可能主要为 F 层反射回波。

2. 电离层回波距离随时间变化特性

(1)雷达工作频率为 4.35 MHz 时,电离层回波距离随时间变化图,如图2.15 所示。

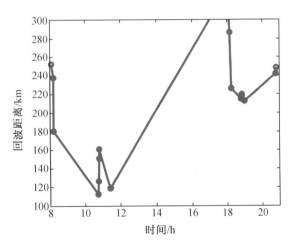

图 2.15　雷达工作频率为 4.35 MHz 时电离层回波距离随时间变化图

由图 2.15 可以看出,当雷达工作频率为 4.35 MHz 时,10～12 点时间段内,电离层回波距离较低,分布在 110～160 km 范围内,对应的可能主要为 E、

Es 层回波。14 点以后时间段的电离层回波距离较大,分布范围在 200 km 以外,对应的可能主要为 F 层回波。

$f = 4.35$ MHz 时,典型实测雷达 RD 谱如图 2.16 所示。

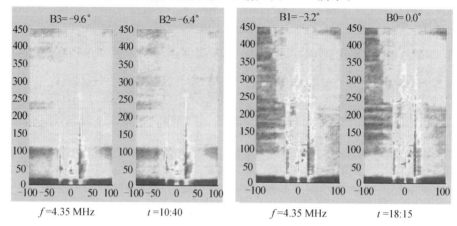

图 2.16　雷达工作频率为 4.35 MHz 时对应的雷达 RD 谱

由图 2.16 可见,此时对应的电离层回波相对较强,呈现弥散性的分布特征,覆盖多个距离单元和多普勒单元,严重影响了雷达的目标探测性能。

(2)雷达工作频率为 7.92 MHz 时,电离层回波距离随时间变化图,如图 2.17 所示。

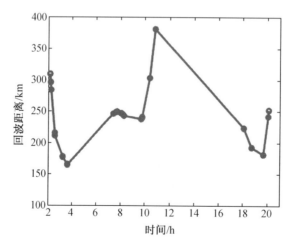

图 2.17　雷达工作频率为 7.92 MHz 时电离层回波距离随时间变化图

由图 2.17 可以看出,雷达工作频率为 7.92 MHz 时,电离层回波距离分布在 170~370 km 范围内。除了 3~4 点、18~20 点时间段外,其他时间的电离层回波距离均在 200 km 以上,对应的可能主要为 F 层回波。

$f = 7.925$ MHz 时,实测雷达 RD 谱如图 2.18 所示。

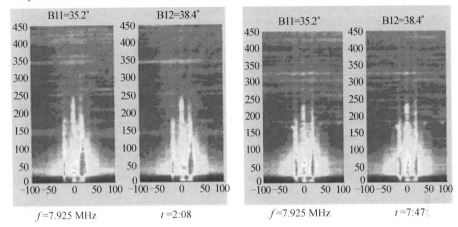

图 2.18　雷达工作频率为 7.925 MHz 时对应的雷达 RD 谱

由图 2.18 可见,此时对应的电离层回波相对较弱,但由于雷达工作频率过高,所以探测距离随之下降。

3. 一定高度处电离层回波强度随频率变化特性

(1)探测距离为 200 km 时,电离层回波强度随频率变化图,如图 2.19 所示。

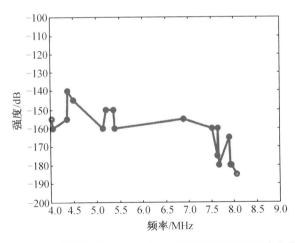

图 2.19　探测距离为 200 km 时电离层回波强度随频率变化图

对于探测 200 km 区域的目标,雷达工作频率为 4～7.5 MHz 时,电离层回波强度较高,不利于目标检测;7.5～8 MHz 时,电离层回波强度相对较低。

(2)探测距离为 300 km 时,电离层回波强度随频率变化图,如图 2.20 所示。

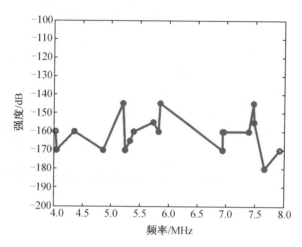

图 2.20　探测距离为 300 km 时电离层回波强度随频率变化图

对于探测 300 km 区域的目标,结果类似于图 2.19,即当雷达工作频率较低时,电离层回波强度较高,不利于目标检测;当雷达工作频率较高时,电离层回波强度相对较低。

通过以上实测数据的统计分析可见,在 100 km 以上的距离都会出现电离层回波,不同季节、不同时间的电离层回波占据的多普勒单元、距离单元以及强度均不同。另外,雷达工作频率越高,电离层回波强度影响越小,但同时雷达对远距离目标的探测能力也随之明显下降。

本章参考文献

[1] 熊年禄,唐存琛,李行健. 电离层物理概论[M]. 武汉:武汉大学出版社,1999:53-91.

[2] WILHELMSSON H, LAZZARO E. Reaction-diffusion problems in the physics of hot plasmas[M]. Boca Raton:CRC Press,2000:20-140.

[3] ZHANG S, HUANG X, SU Y, et al. A physical model for one-dimension and time-dependent ionosphere. Part I. Description of the model[J]. Annals of Geophysics, 1993(36):5-6.

[4] 阿尔别尔特. 无线电波传播和电离层:第一卷　电离层[M]. 北京:人民邮电出版社,1981:159-180.

[5] 郭万振,云广平. 射线追踪在电离层探测中的应用[J]. 电子科技,2011,24(1):12-15.

［6］杨永常，宗鹏，魏志勇. 空间环境对无线电波传播的影响综述［J］. 航天器
　　 环境工程，2009，26(1)：26-32.

［7］周文瑜，焦培南. 超视距雷达技术［M］. 北京：电子工业出版社，2008：
　　 388-393.

［8］ BARCLAY L，BEHM C，CARROLL S. Digitally-modulated HF
　　 communications reliability：Modifications to ITU-R Rec. P. 533
　　 propagation model and the associated computer program REC533［C］//
　　 Institution of Engineering & Technology Ioternational Conference on
　　 Ionospheric Radio Systems & Technigues，IET，2009：69-73.

第 3 章　高频地波雷达天线仿真及联合垂测仪观测

3.1　概　　述

高频地波雷达的发射波束在理想情况下应该完全沿海面传播,然而复杂的地面特性、地网尺寸、阵元误差及海风导致的天线运动等实际工程因素,一部分电磁波向上空辐射到电离层,经反射、折射后沿多种传播路径返回雷达接收机,从而形成"电离层回波"。因此,有必要对高频地波雷达收发天线系统方向图进行研究。

雷达发射系统是指发射天线和发射机等,位于发射站;接收系统是指接收天线、接收机、信号处理机及显示设备等,位于接收站。不像微波雷达那样可以收发天线共用,高频雷达工作频率属于 3～15 MHz 的短波波段,发射天线必须尺寸足够大才能有较高的辐射效率,接收天线可以做得相对较小,但是必须做成多阵元的接收阵列,才能对目标到达波使用数字波束技术精确测角。发射天线和接收天线要有一定的距离才能保证接收机不受到或者受到很小的发射天线信号的干扰,一般来说,最短的距离要超过 1 km,而这导致超视距雷达天线系统占地面积过于庞大。一般而言,高频地波雷达发射天线多采用对数周期偶极子天线(Log Periodic Dipole Antennas,LPDA),接收天线多采用鞭状天线阵列或竖笼天线等。

对数周期天线作为一种结构简单、性能良好的超宽带天线,目前设计 LPDA 大都是采用传统方法,即通过查找相应的图表来找出最佳的天线参数,然后再利用电磁场数值方法分析天线的电性能。这样设计出来的 LPDA 的半张角都较小(≤10°),虽然在很宽的频带内可以获得几乎不变的阻抗、增益和方向图,但是天线的纵向尺寸很大,往往限制了它的实际应用。对数周期天线由 N 根平行排列的偶极子构成,它们都连接在一对双线传输线(即集合线)上,馈源接在最短振子一端,相邻两振子交叉馈电,为了减小电磁波的反射以改善天线在低频段的电特性,可在最长振子端接一短路支节或匹配负载。图 3.1 所示即为山东威海哈尔滨工业大学高频地波雷达站实拍的对数周期天线。

图 3.1　对数周期天线

鞭状天线是一种可弯曲的垂直杆状天线,其长度一般为 1/4 或 1/2 波长。大多数鞭状天线都不用地线而用地网。山东威海雷达接收站就采用了鞭状天线接收阵,如图 3.2 所示。竖笼天线跟鞭状天线类似,其单振子周围围绕长度更长的振子,所有振子接地网,如图 3.3 所示。

图 3.2　鞭状天线接收阵

由于直接测量天线实际方向图存在一定的困难,因此目前对天线系统方向图的研究大多基于电磁仿真技术,按照其运用的主要计算电磁学方法大致可分为两类:精确算法和高频近似方法。精确算法包括差分法、有限元法、矩量法以及基于矩量法的快速算法(如快速多极子和多层快速多极子)等[1]。其中 Ansoft 公司推出的三维电磁仿真软件 HFSS(High Frequency Structure Simulator)是世界上第一个商业化的三维结构电磁场仿真软件,业界公认的三维电磁场设计和分析的工业标准。HFSS 提供了简洁直观的用户设计界面、精确自适应的场解器、拥有空前电性能分析能力的功能强大后处理器,能计算任意形状三维无源结构的散射参数(S 参数)和全波电磁场。HFSS 软件拥有强大的天线设计功能,它可以计算天线参量,如增益、方向性、远场方向图剖面、远场 3D

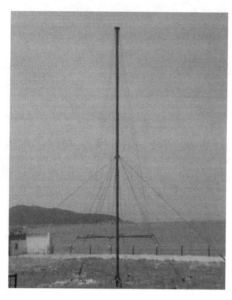

图 3.3　竖笼天线

图和 3 dB 带宽;绘制极化特性曲线,包括球形场分量、圆极化场分量、Ludwig 第三定义场分量和轴比。由 Ansoft HFSS 和 Ansoft Designer 构成的 Ansoft 高频解决方案,是目前唯一以物理原型为基础的高频设计解决方案,提供了从系统到电路直至部件级的快速而精确的设计手段,覆盖了高频设计的所有环节。

本章通过 HFSS 仿真高频地波雷达收发天线的方向图,得到雷达天线系统的性能指标等信息,主要研究内容分为以下三个部分:

首先,对自由空间中对数周期偶极子天线和偶极子均匀直线阵进行仿真,研究其基本工作原理以及设计方法。通过 HFSS 仿真,研究讨论天线自身结构对方向图的影响。

其次,讨论地面及地网对天线方向图的影响。短波天线大多架设在地面附近,地面对其影响非常大,而地面的电磁特性非常复杂,为了提高天线的稳定性一般需要铺设地网。以单极子和偶极子天线为例,讨论地面电导率对天线方向图的影响以及地网的网格大小和地网面积对天线方向图的影响。更进一步,对威海 HFSWR 实验站的收发天线系统进行软件仿真,表明地网会对收发天线阵列方向图的指向产生偏移和畸变,从而使雷达系统更容易接收到高强度、多路径的电离层回波。

最后,基于 HFSWR 与垂测仪对电离层回波开展了联合观测,深入分析了 HFSWR 电离层回波可能存在的传播路径,分裂为 O、X 特征波等分布特性,为后续电离层回波研究奠定基础。

3.2　收发天线理论仿真分析

3.2.1　对数周期发射天线

1. 天线的工作原理和结构参数

对数周期天线是由伊利诺伊大学的 Dwight Isbell 于 1960 年提出的,其结构简单、造价便宜,在短波、超短波和微波波段范围内获得广泛应用。它是一种非频变天线,所谓非频变是指天线的阻抗、方向图、增益等电特性在频带范围内基本上无变化。它是根据以下阐述的理论构建而成的:当天线按照某一特定的比例因子 τ 变换后,仍为其原来的结构。这样,出现在频率 f 和 τf 的天线性能,将在 τf 和 $\tau^2 f$ 的频率范围内重复出现,依此类推,天线的电性能将在很宽的频率范围内做周期性的变化[2]。

对数周期天线的形式很多,图 3.4 所示的对数周期偶极子天线(LPDA)是对数周期天线中最简单的一种。LPDA 的阵元是长度不同的对称振子,按一定间距排列在同一平面内。LPDA 各振子的末端的连线交于一点,称为顶点。

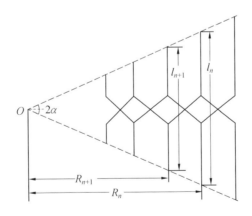

图 3.4　对数周期偶极子天线示意图

图 3.4 中 τ 称为设计因子;2α 称为结构张角;n 为振子序号,最长振子序号为 1;l_n 为振子长度;R_n 为顶点至振子的垂直距离。τ 和 2α 与 l 和 R 之间满足如下关系式

$$\tau = \frac{l_{n+1}}{l_n} = \frac{R_{n+1}}{R_n} < 1 \qquad (3.1)$$

$$\alpha = \arctan \frac{l_n}{2R_n} \tag{3.2}$$

为了设计上的方便,引入另一个参数 σ,称为间隔因子,满足

$$\sigma = \frac{d_n}{2l_n} = \frac{1}{4}(1-\tau)\cot \alpha \tag{3.3}$$

只要确定了 τ、2α、σ 中的任意两个,天线的几何结构和电特性就可以确定下来。习惯上通过调整 τ 和 σ 的值来设计天线的结构。τ 主要影响天线的增益和偶极子数 N,增大 τ 的值可以提高增益和前后比,但是偶极子数会增多,使得天线结构复杂。所以 τ 的值一般取 $0.8 \sim 0.95$。σ 值主要影响天线长度,并在一定程度上影响驻波比;对每个 τ 都有一个最佳的 σ 值,使方向性最强和增益最高。

LPDA 的结构特点表明,当序号为 n 的振子的长度和位置确定后,就可以按式(3.1)求出向顶点或其反方向延伸的无限多个振子的长度和位置。即按设计因子 τ 变换天线结构后仍等于原来结构,结构尺寸的对数以 $\ln \tau$ 为周期。由于天线性能决定于天线结构的电尺寸,因此天线呈现相同性能时频率也有相同的对数周期。若随着振子序号的增加,振子的长度和距顶点的距离依次减小 τ 倍,即

$$\ln l_{n+1} - \ln l_n = \ln R_{n+1} - \ln R_n = \ln \tau$$

$$f_{n+1} = \frac{f_n}{\tau}, \quad \ln f_{n+1} - \ln f_n = \ln \frac{1}{\tau} \tag{3.4}$$

式(3.4)表明,LPDA 的天线结构和性能均以 $\ln \tau$ 为周期重复变化,这就是对数周期天线名称的由来。

当然,频率从 f_n 变到 f_{n+1} 时,天线性能也随之变化。当设计因子 τ 较大(接近于 1)时,天线参数在一个周期内的变化不大。这样一来,可在极宽的频率范围(10 多个倍频程)使天线参数变化不大,从而实现非频变特性。

LPDA 采用交叉馈电的方式,使辐射区的振子电流有适宜的相位关系。从短振子端馈电,馈线上相位滞后发生在较长振子的方向,但经过交叉,相位反转后,较长振子上电流的相位就超前于较短振子,以便产生指向顶点方向的端射和辐射。这种相位关系很像引向天线:前有引向器,后有反射器,引向器电流相位滞后于主振子,反射器电流相位超前于主振子。

天线馈电后,电磁能量将沿集合线传输,依次对各振子激励。通常可将 LPDA 分为 3 个区域:馈电点附近的短振子区为传输区;振子臂长接近谐振长度 ($\lambda/2$) 时的区域为辐射区;振子臂更长的未激励区。传输区中对称振子臂长远小于波长,振子输入阻抗很高,电流很小,辐射作用微弱,该区各振子可看成对集合线的并联电容加载。这个区域的作用是传输高频电磁能量,所以称为 LPDA 的传输区。辐射区的振子由于臂长接近第一谐振点,输入阻抗较低,振子上电流

较大,整个天线的辐射主要由这部分振子产生,称为辐射区。由于大部分能量已被辐射区辐射出去,因此传至未激励区的能量很弱,对辐射几乎没有贡献。

在 LPDA 中,不同频率的高频电磁能量由天线的不同部分辐射。频率高的,由短振子辐射,频率低的,由长振子辐射。当频率由高向低变化时,辐射区沿 LPDA 由短振子一侧向长振子一侧移动。频带低端取决于长振子臂长;频带高端取决于短振子臂长。电磁能的最大辐射方向指向短振子端,因此未激励区中诸振子不受空间电磁波的激励,集合线中传输至未激励区的能量很弱,诸振子也几乎不受导波能量的激励,故称未激励区。

假设偶极子上的电流为正弦分布并采用图 3.5 的坐标系,则自由空间中对数周期天线的方向图可以通过文献[3]给出的计算公式得到。其中 H 平面方向图公式为

$$\left| P_{\mathrm{H}}(\varphi) \right| = \left| \sum_{i=1}^{N} I_{\mathrm{A}i} \frac{1 - \cos\dfrac{2\pi}{\lambda}h_i}{\sin\left(\dfrac{2\pi}{\lambda}h_i\right)} \cdot \exp\left(\mathrm{j}\,\frac{2\pi}{\lambda}x_i\cos\varphi\right) \right| \tag{3.5}$$

E 平面方向图公式为

$$\left| P_{\mathrm{E}}(\theta,\varphi) \right| = \left| \sin\theta \sum_{i=1}^{N} I_{\mathrm{A}i} \frac{\cos\left(\dfrac{2\pi}{\lambda}h_i\cos\theta\right) - \cos\dfrac{2\pi}{\lambda}h_i}{\sin\left(\dfrac{2\pi}{\lambda}h_i\right)} \cdot \exp\left(\mathrm{j}\,\frac{2\pi}{\lambda}x_i\sin\theta\cos\varphi\right) \right| \tag{3.6}$$

式中　$I_{\mathrm{A}i}$—— 第 i 个偶极子的基点电流;

　　　　x_i—— 第 i 个偶极子到坐标原点的距离。

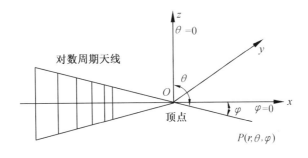

图 3.5　计算方向图的坐标系

2. 对数周期天线方向图仿真分析

根据文献[4]中给出的设计参数,对天线尺寸为 $\tau = 0.917, 2\alpha = 14°, N = 18$,最长振子臂长 $l_1 = 0.75$ m,最短振子臂长 $l_{18} = 0.172$ m,集合线平均特性阻抗

$Z_0 = 83 \ \Omega$ 的对数周期天线进行建模仿真。

使用 HFSS 软件建立模型如图 3.6 所示,天线的材料为理想导体,使用平行双线馈电,分别在 200 MHz、300 MHz、450 MHz 和 600 MHz 的中心频率下进行求解,得到的各天线振子基点电流如图 3.7 所示。

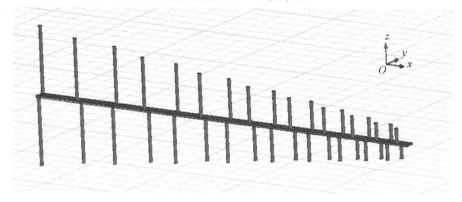

图 3.6　LPDA 模型

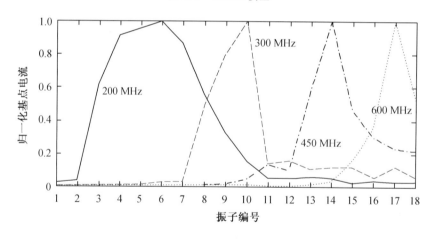

图 3.7　LPDA 各振子基点电流分布

由图 3.7 中电流分布曲线可见,频率由高到低的过程中,辐射区向长振子方向移动。$f = 600$ MHz 时,$n = 17$ 的振子谐振,电流最大,而当频率降低到 $f = 200$ MHz 时,$n = 6$ 的振子接近谐振。从图中还可以看出传输区、辐射区和未激励区的电流分布情况。当频率减小时,辐射区会增大,这是由集合线终端的反射电流与输入电流叠加导致的。这种反射电流还会影响天线的驻波比,从而影响工作效率,同时还会对天线的方向图造成一定的影响。可以通过在长振子端添加短支节线的方法降低其影响。

图 3.8 给出了模型在 200 MHz、300 MHz、450 MHz 和 600 MHz 时的分贝归一化方向图。从图中可见,方向图的形状基本不发生变化。

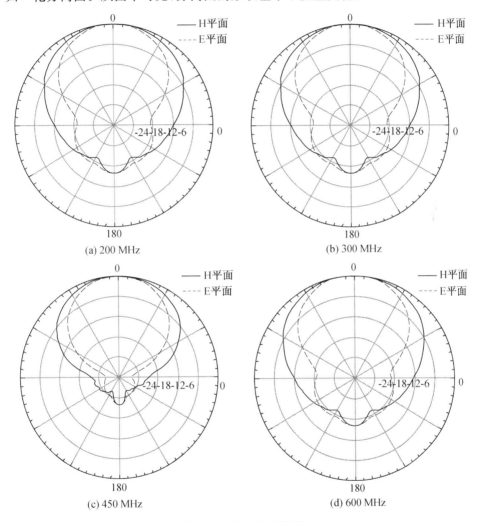

| (a) 200 MHz | (b) 300 MHz |

| (c) 450 MHz | (d) 600 MHz |

图 3.8　LPDA 的方向图

3.2.2　均匀线阵接收天线

1. 天线的工作原理和结构参数

将各个阵元排列在一条直线上就构成了直线阵。若各阵元取向一致,阵元激励电流幅度相等,相邻阵元相位差和间距相同,则称为均匀直线阵。应用方向图乘法定理,可以很方便地讨论均匀直线阵的方向性。

均匀直线阵最简单的形式,即由两个天线单元组成的天线阵称二元阵。图 3.9 中,设 A、B 为放置于 x 轴上间距为 d 的两个对称振子,空间取向一致(与 z 轴平行)。设 I_A、I_B 分别为天线 A、B 的电流,其电流关系为

$$I_B = mI_A e^{j\xi} \tag{3.7}$$

式中　m、ξ—— 实数。

此式表明,天线 B 上电流的振幅是天线 A 上电流的 m 倍,而相位超前于天线 A 电流的相位角 ξ。这时空间任意一点 M 的辐射场是两振子辐射场的矢量和。对于远场观察点 M,射线 $r_A \parallel r_B$,波程差为

$$r_B - r_A = -d\cos\delta \tag{3.8}$$

式中　δ—— 观察方向与阵轴(天线单元中点连线)的夹角。

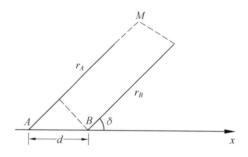

图 3.9　二元天线阵坐标

两天线的空间取向一致,类型、尺寸相同,意味着天线 A 和天线 B 在观察点产生的电场矢量 E_A 和 E_B 近似同方向,且相应的方向性函数相等。即

$$f_A(\theta,\varphi) = f_B(\theta,\varphi) = f_1(\theta,\varphi) \tag{3.9}$$

式中　$f_1(\theta,\varphi)$—— 天线阵元的方向性函数。

选天线 A 为相位参考点,不计天线阵元间耦合,观察点 M 处合成场为

$$E = E_A + E_B = E_A\left(1 + \frac{E_B}{E_A}\right) = E_A(1 + me^{j\xi}e^{-jk(r_B - r_A)}) = E_A(1 + me^{j\psi})$$

$$\tag{3.10}$$

其中

$$\begin{cases} \psi = kd\cos\delta + \xi \\ E_A = \dfrac{60 I_{Am}}{r_A} f(\theta,\varphi) e^{-jkr_A} \end{cases} \tag{3.11}$$

式中　ψ—— 两天线单元辐射场的相位差,它是波程差引起相位差和激励相位差之和。

由此可见,天线阵的合成场由两部分相乘得到。第一部分 E_A 是天线阵元 A

在 M 点产生的场强,它只与天线阵元的类型、尺寸和取向,即天线阵元的方向图有关,称为元函数;第二部分 $(1+me^{j\psi})$ 取决于两天线间的电流比以及相对位置,与天线的类型、尺寸无关,称为阵因子。合成场的模值,即合成场的振幅为

$$|E| = \frac{60 \, |I_{Am}|}{r_A} f(\theta, \varphi) \tag{3.12}$$

式中 $f(\theta, \varphi)$ —— 合成场的方向性函数,

$$f(\theta, \varphi) = f_1(\theta, \varphi) f_2(\theta, \varphi) \tag{3.13}$$

$$f_2(\theta, \varphi) = f(\delta) = \sqrt{1 + m^2 + 2m\cos\psi} \tag{3.14}$$

结果表明,由相同天线元构成的天线阵的方向性函数(或方向图),等于单个天线元的方向性函数(或方向图)与阵因子(方向图)的乘积,这就是方向图乘法定理[5]。

对于阵元数为 N,间距为 d,电流振幅相等,相邻元相位差为 ξ 的均匀直线阵,可以很方便地根据方向图乘法定理求得其方向性。设阵元如图 3.10 所示,排列在 z 轴上。选坐标原点为相位参考点,不计阵元间互耦作用,根据叠加原理,均匀直线阵的阵因子可以写成

$$f_2(\theta, \varphi) = \sum_{n=1}^{N} e^{j(n-1)\psi} \tag{3.15}$$

$$\psi = kd\cos\delta + \xi \tag{3.16}$$

式(3.16)两边同乘以 $e^{j\psi}$ 后减去式(3.16)得

$$f_2(\theta, \varphi)(e^{j\psi} - 1) = e^{jN\psi} - 1 \tag{3.17}$$

则

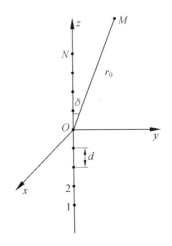

图 3.10   均匀直线阵坐标

$$f_2(\theta,\varphi) = \frac{\mathrm{e}^{\mathrm{j}N\psi}-1}{\mathrm{e}^{\mathrm{j}\psi}-1} = \frac{\mathrm{e}^{\mathrm{j}\frac{N}{2}\psi}(\mathrm{e}^{\mathrm{j}\frac{N}{2}\psi}-\mathrm{e}^{-\mathrm{j}\frac{N}{2}\psi})}{\mathrm{e}^{\mathrm{j}\frac{1}{2}\psi}(\mathrm{e}^{\mathrm{j}\frac{1}{2}\psi}-\mathrm{e}^{-\mathrm{j}\frac{1}{2}\psi})} = \mathrm{e}^{\mathrm{j}\frac{N-1}{2}\psi}\frac{\sin\left(\dfrac{N}{2}\psi\right)}{\sin\left(\dfrac{1}{2}\psi\right)} \qquad (3.18)$$

如果把相位参考点改选在天线阵的几何中心,则上式的阵因子简化为

$$f_2(\theta,\varphi) = f_2(\psi) = \frac{\sin\left(\dfrac{N}{2}\psi\right)}{\sin\left(\dfrac{1}{2}\psi\right)} \qquad (3.19)$$

式中　ψ——在与阵轴夹角为 δ 的方向上的远区观察点处第 $(i+1)$ 个阵元产生的场比第 i 个阵元产生的场所超前的相位。ψ 包含两个相位因素:一个是空间程差引起的相位差,另一个是电流激励的相位差 ξ。

图 3.11 为 N 元均匀直线阵的归一化阵因子 $F_2(\psi)$ 随 ψ 的变化曲线,称为均匀直线阵的通用方向图。式(3.14)中,δ 的可取值范围为 $0° < \delta < 180°$,故 ψ 的变化范围为 $-kd+\xi < \psi < kd+\xi$,这个范围称为 ψ 的可见区,只有在可见区内的 ψ 对应的 f_2 才是天线的阵因子。ψ 的取值跟 d 和 ξ 的取值有关,只有 d 和 ξ 的值配合得当才能获得良好的方向图。

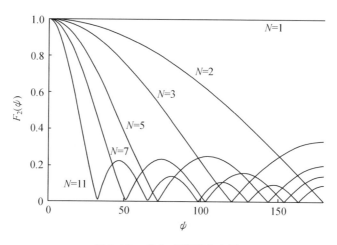

图 3.11　均匀直线阵方向图

2. 均匀线阵的方向图仿真及分析

利用 HFSS 软件,仿真均匀直线阵方向图。设计中心频率 $f_s = 3\ \mathrm{MHz}$,波长 $\lambda = 100\ \mathrm{m}$,阵元数 $N=8$,阵元间距 $d = \lambda/2$,阵元激励相位差 $\xi = 0$ 的偶极子天线阵列。图 3.12 为所设计天线阵列模型,图 3.13 为阵列的归一化方向图。

改变参数 d 的值,可以看到天线方向图的变化如图 3.14 所示。随 d 的增大,

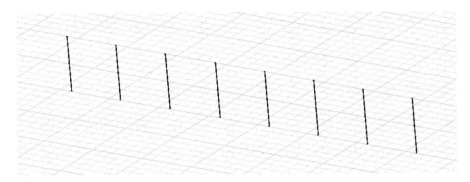

图 3.12 八元均匀直线阵模型

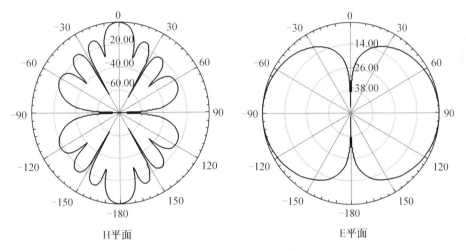

图 3.13 八元均匀直线阵归一化方向图

E 平面上基本没有变化，H 平面中波瓣变窄，变多。当 $d=\lambda/8$ 时，只有对称的两个波瓣，指向 $\pm 90°$ 的位置，与阵列的延伸方向一致，就像电磁波在阵列的两端向外辐射，此时称阵列为端射阵；当 d 的值增大，波瓣变多，主瓣的位置移动到 $0°(180°)$ 的位置，而 $\pm 90°$ 的位置形成零点，此时主瓣方向与阵列的延伸方向垂直，称阵列为边射阵。当 $d=\lambda$ 时，在 $\pm 90°$ 的位置再次出现主瓣，而 $0°(180°)$ 没有消失。当 d 继续增大，方向图波瓣继续增加，变得更加复杂。

固定 $d=\lambda/2$ 不变，改变 ξ 的大小，天线方向图的变化如图 3.15 所示。ξ 的变化影响每个波瓣大小的变化，使得方向图不再同时在两个轴线上满足对称关系。从图中可以看出，ξ 变化时，天线阵列的方向图以 2π 为周期变化，此过程中某个方向上的波瓣会被放大，幅度和宽度都会增加，甚至相邻的波瓣可能会合并成一个大的波瓣，在被放大的方向上形成主瓣，使得主瓣的方向随 ξ 的变化而周期性变化。

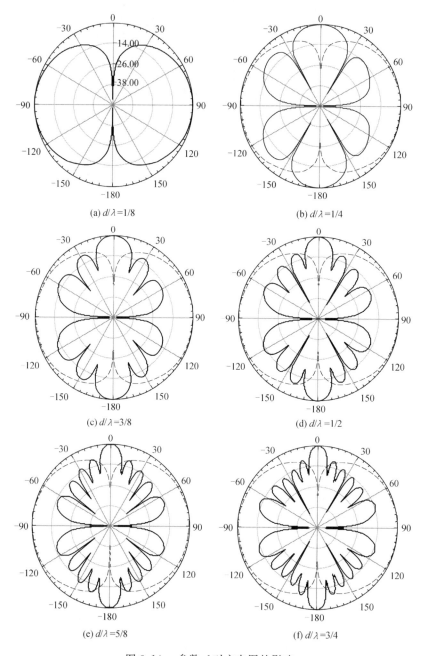

(a) $d/\lambda=1/8$ (b) $d/\lambda=1/4$

(c) $d/\lambda=3/8$ (d) $d/\lambda=1/2$

(e) $d/\lambda=5/8$ (f) $d/\lambda=3/4$

图 3.14　参数 d 对方向图的影响

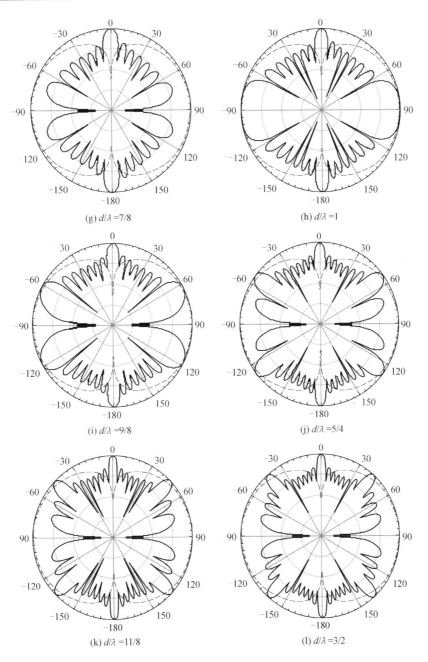

续图 3.14

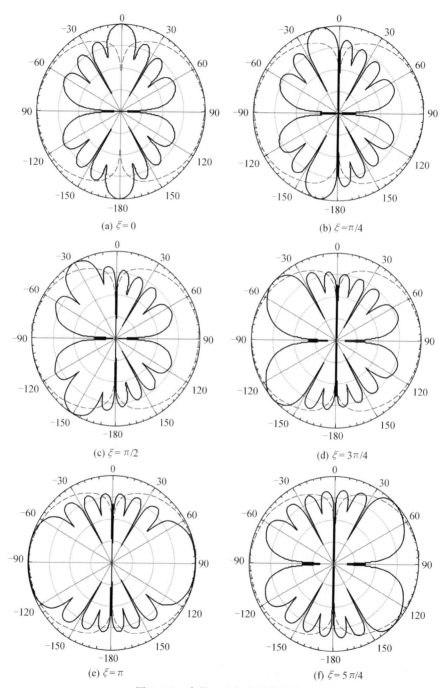

(a) $\xi = 0$

(b) $\xi = \pi/4$

(c) $\xi = \pi/2$

(d) $\xi = 3\pi/4$

(e) $\xi = \pi$

(f) $\xi = 5\pi/4$

图 3.15　参数 ξ 对方向图的影响

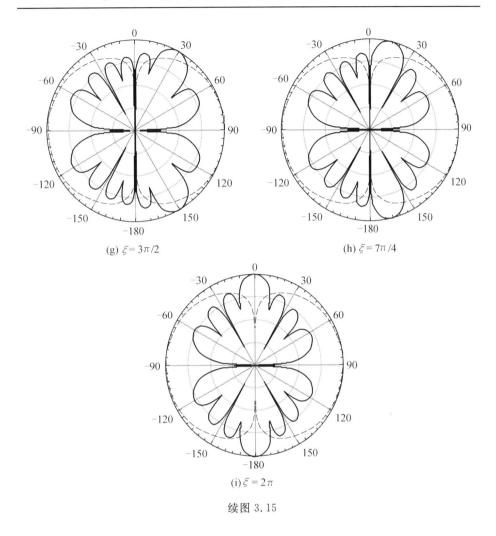

(g) $\xi = 3\pi/2$　　　　　　　　(h) $\xi = 7\pi/4$

(i) $\xi = 2\pi$

续图 3.15

3.3　地网天线辐射特性分析

3.3.1　地网对偶极子天线性能影响分析

通过在 HFSS 电磁仿真软件中建模无地网和有地网偶极子天线[6]，如图 3.16、图 3.17 所示。天线工作频率为 8 MHz，波长 $\lambda = c/f = 37.5$ m，偶极子天线振子全长 $L = \lambda/2 = 18.75$ m，振子直径 $r = 20$ cm，地网为正方形地网，其长度 $l = 3\lambda = 112.5$ m，由于软件运行时间较长，所以选取理想铜板为地网材料。

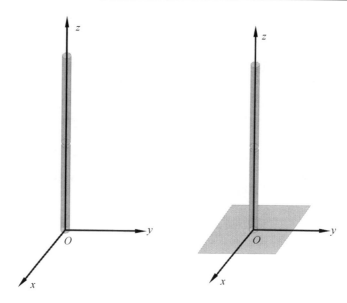

图 3.16　无地网偶极子天线　　　　图 3.17　有地网偶极子天线

　　比较反射损耗、电压驻波比(VSWR)、E 平面和 H 平面方向图,仿真结果分别如图 3.18 ～ 3.21 所示。

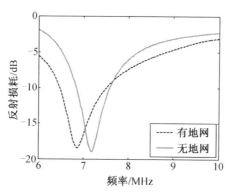

图 3.18　有无地网反射损耗

　　由图 3.18 仿真结果可以看出铺设地网的天线反射损耗减小。由图 3.18 和图 3.19 仿真结果可以看出天线的谐振频率降低了。由图 3.19 仿真结果可以看出电压驻波比降低。由图 3.20 仿真结果可以看出 E 平面方向图发生了改变,出现了旁瓣,最大增益变大,最大辐射值仰角增大,已经偏离地面一定角度。由图 3.21 仿真结果可以看出 H 平面方向图变化很小。

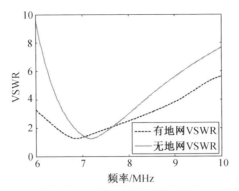

图 3.19　有无地网电压驻波比

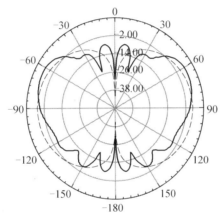

图 3.20　有无地网 E 平面方向图
（注：虚线为无地网情况，实线为有地网情况）

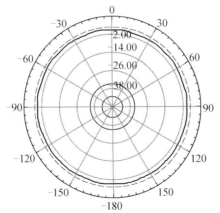

图 3.21　有无地网 H 平面方向图
（注：虚线为无地网情况，实线为有地网情况）

3.3.2　地网大小对偶极子天线性能影响分析

天线铺设正方形的地网,模型仍然采用上述有地网模型。通过改变地网长度即铺设地网的面积大小,讨论天线性能,包括天线的最大增益、最大辐射值仰角、输入阻抗、电压驻波比、谐振频率等参数。仿真结果如表3.1所示。

表 3.1　地网大小对天线性能影响

地网大小 /(m×m)	最大增益	最大辐射值 仰角 /(°)	输入阻抗 /Ω	电压驻波比	谐振频率 /MHz
$0.5\lambda \times 0.5\lambda$	1.843 8	4	75.475 2 − 1.295 4j	1.035 8	6.81
$10.5\lambda \times 1\lambda$	2.471 7	21	119.291 8 − 18.750 2j	1.692 8	7.13
$1.5\lambda \times 1.5\lambda$	2.511 0	18	105.435 5 − 9.406 7j	1.462 2	7.19
$2\lambda \times 2\lambda$	3.009 6	27	87.449 9 − 9.382 2j	1.237 2	6.80
$2.5\lambda \times 2.5\lambda$	3.641 5	21	106.904 1 − 6.333 9j	1.470 0	7.23
$3\lambda \times 3\lambda$	4.184 8	26	88.909 0 − 11.592 3j	1.273 1	6.87
$5\lambda \times 5\lambda$	6.561 5	23	103.398 1 − 10.567 9j	1.441 5	7.04
$10\lambda \times 10\lambda$	7.669 1	20	97.197 3 − 13.790 0j	1.386 3	6.91

对于不同大小的地网天线,其辐射方向图分别如图 3.22 ～ 3.29 所示,E 平面方向图分别如图 3.30 ～ 3.37 所示。

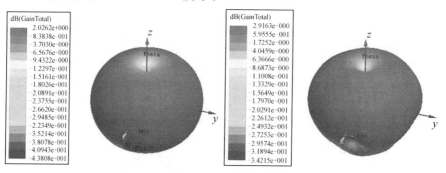

图 3.22　地网半径 $a = 0.5\lambda$ 时辐射方向图　图 3.23　地网半径 $a = \lambda$ 时辐射方向图

（注:Theta 为时间递耗值,Gain Total 为总增益,下同）

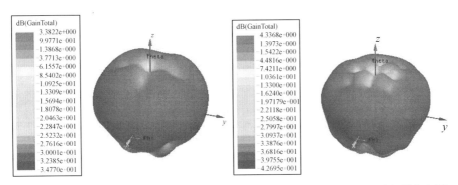

图 3.24　地网半径 $a = 1.5\lambda$ 时辐射方向图　图 3.25　地网半径 $a = 2\lambda$ 时辐射方向图

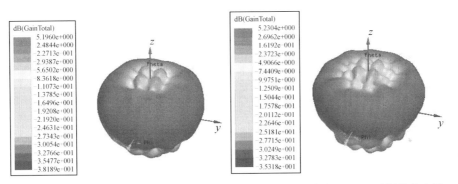

图 3.26　地网半径 $a = 2.5\lambda$ 时辐射方向图　图 3.27　地网半径 $a = 3\lambda$ 时辐射方向图

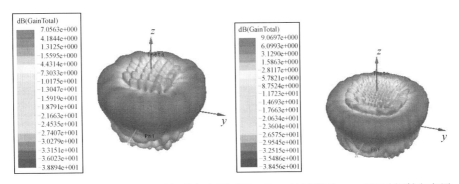

图 3.28　地网半径 $a = 5\lambda$ 时辐射方向图　图 3.29　地网半径 $a = 10\lambda$ 时辐射方向图

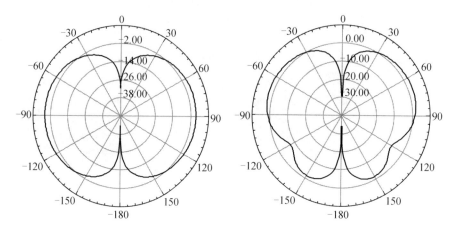

图 3.30　地网半径 $a = 0.5\lambda$ 时 E 平面方向图

图 3.31　地网半径 $a = \lambda$ 时 E 平面方向图

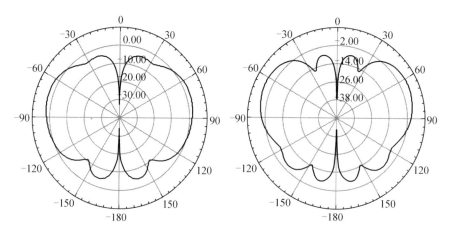

图 3.32　地网半径 $a = 1.5\lambda$ 时 E 平面方向图

图 3.33　地网半径 $a = 2\lambda$ 时 E 平面方向图

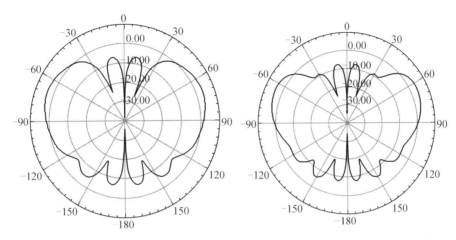

图 3.34　地网半径 $a = 2.5\lambda$ 时 E 平面方向图

图 3.35　地网半径 $a = 3\lambda$ 时 E 平面方向图

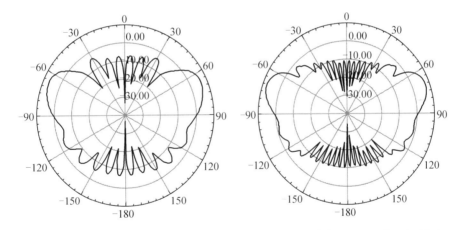

图 3.36　地网半径 $a = 5\lambda$ 时 E 平面方向图

图 3.37　地网半径 $a = 10\lambda$ 时 E 平面方向图

通过表中仿真数据以及不同地网大小的天线方向图可以得出以下结论：

（1）地网面积越大，天线增益越大；地网面积越小，天线增益越小。

（2）随着地网面积的增大，天线最大辐射值仰角会变大，也就是 E 平面方向图会上翘。

（3）随着地网面积的增大，E 平面方向图旁瓣数量增多。

（4）随着地网面积的增大，电压驻波比和谐振频率基本保持不变。

3.3.3　地网形状对偶极子天线性能影响分析

地网分别铺设成正方形和圆形,保证地网的面积相同,均约为 $9\lambda^2$。在电磁仿真软件 HFSS 中对方形地网和圆形地网天线进行建模,分别如图 3.38、图 3.39 所示,讨论不同地网形状下天线各参数,包括天线最大增益、输入阻抗、电压驻波比、谐振频率,仿真结果的比较如表 3.2 所示。

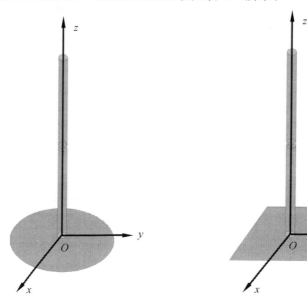

图 3.38　圆形地网偶极子天线　　　　图 3.39　方形地网偶极子天线

表 3.2　地网形状对天线性能影响

地网形状	地网大小 /m²	最大增益	输入阻抗 /Ω	电压驻波比	谐振频率 /MHz
圆形	$1.7^2\pi\lambda^2$	4.977 2	86.091 7 − 12.455 7j	1.252 7	6.71
方形	$3\lambda \times 3\lambda$	4.184 8	88.909 0 − 11.592 3j	1.273 1	6.87

形状不同的地网天线辐射方向图分别如图 3.40、图 3.41 所示,E 平面方向图分别如图 3.42、图 3.43 所示。

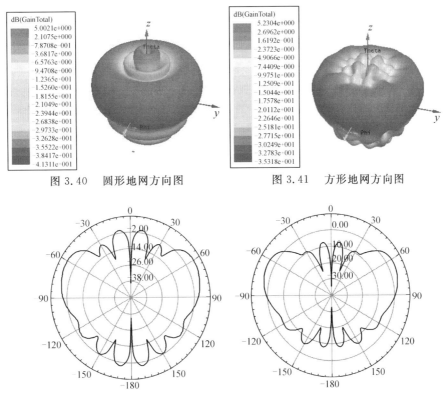

图 3.40　圆形地网方向图　　　　图 3.41　方形地网方向图

图 3.42　圆形地网 E 平面方向图　　　图 3.43　方形地网 E 平面方向图

比较表中的仿真数据,分析可得:面积相同的地网,圆形地网天线的最大增益略高,不同形状的地网 E 平面方向图旁瓣数量相同。天线其他性能参数基本不受形状影响。为了更直观地看出各参数变化趋势,仿真圆形地网和方形地网天线回波损耗、电压驻波比和输入阻抗,分别如图 3.44、图 3.45、图 3.46 所示。通过比较不同形状地网情况下天线如上三个重要参数,可以得出地网形状对上述三个天线参数基本没有影响。

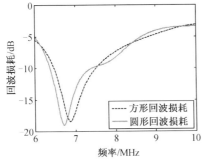

图 3.44　不同形状地网天线回波损耗

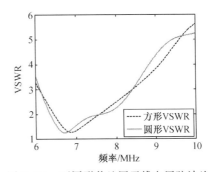

图 3.45　不同形状地网天线电压驻波比

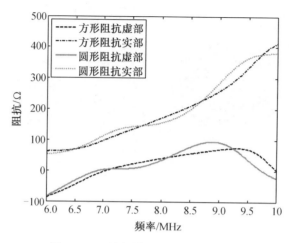

图 3.46　不同形状地网天线输入阻抗

3.3.4　地网垂直高度对偶极子天线性能影响分析

　　天线地网铺设成正方形,通过改变地网垂直高度,讨论天线性能。仿真结果如表 3.3 所示。通过比较表中的仿真数据,分析可得:随着垂直高度的增加,天线最大增益逐渐减小,最大辐射值仰角逐渐减小,电压驻波比也逐渐减小,但变化趋势很小,谐振频率随着垂直高度的增加先增大然后缓慢变化,基本趋于平稳。

表 3.3　地网垂直高度对天线性能影响

垂直高度 /m	最大增益	最大辐射值仰角 /(°)	输入阻抗 /Ω	电压驻波比	谐振频率 /MHz
0.001λ	4.277 8	28	99.890 2 − 6.984 2j	1.378 9	6.32
0.01λ	4.184 8	26	88.909 0 − 11.592 3j	1.273 1	6.87
0.05λ	4.010 0	23	88.983 0 − 13.024 5j	1.287 8	7.19
0.10λ	3.770 7	18	84.204 4 − 8.280 3j	1.191 5	7.33
0.15λ	3.616 5	14	78.886 1 − 3.452 9j	1.091 5	7.40
0.20λ	3.466 2	10	76.157 1 − 1.576 4j	1.049 5	7.40
0.25λ	3.461 7	8	74.291 8 − 0.415 9j	1.016 0	7.38

　　为了更清晰地看出天线性能随垂直高度的变化,仿真天线最大增益、最大辐射值仰角、输入阻抗、电压驻波比和谐振频率随垂直高度的变化,分别如图 3.47 ～3.51 所示。

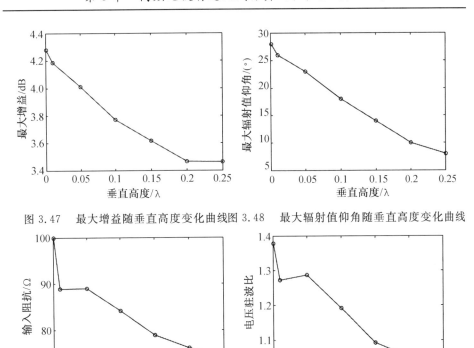

图 3.47　最大增益随垂直高度变化曲线图 3.48　最大辐射值仰角随垂直高度变化曲线

图 3.49　输入阻抗随垂直高度变化曲线　图 3.50　电压驻波比随垂直高度变化曲线

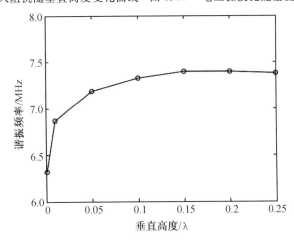

图 3.51　谐振频率随垂直高度变化曲线

3.4 地网对均匀线阵天线性能的影响

3.4.1 无地网天线阵列性能分析

半波偶极子天线组成的八元均匀线阵,其工作频率为 8 MHz,波长 $\lambda = c/f = 37.5$ m,偶极子天线振子全长 $L = \lambda/2 = 18.75$ m,振子直径 $r = 20$ cm,阵元间距为 $d = \lambda/2$。在 HFSS 电磁仿真软件中建模,如图 3.52 所示。

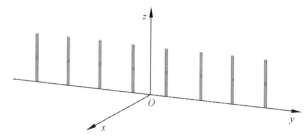

图 3.52 偶极子天线均匀线阵模型

仿真各天线阵元主要参数包括每个阵元的电压驻波比、自阻抗以及互阻抗。对电压驻波比的仿真如图 3.53 所示。通过上述仿真结果可以看出,每个天线阵元谐振频率基本一样,约为 7 MHz,且在谐振频率 7 MHz 左右一定频带内,每个天线阵元的电压驻波比均小于 2。

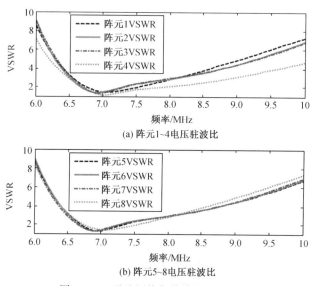

图 3.53 无地网均匀线阵电压驻波比

每个阵元的阻抗模值如图 3.54 所示。每个阵元的阻抗模值在谐振频率处保持一致，随着频率的增加每个天线阵元的阻抗模值发生了变化，频率大于 9 MHz 后每个天线阵元的阻抗模值相差较大。

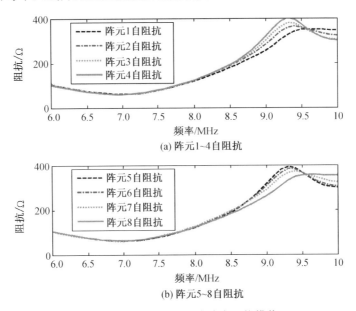

(a) 阵元1~4自阻抗

(b) 阵元5~8自阻抗

图 3.54　无地网均匀线阵自阻抗模值

以第一个阵元为例，各天线阵元与阵元 1 互阻抗如图 3.55 所示。由于天线间存在互耦，所以天线阻抗由自阻抗和互阻抗两部分组成。通过仿真结果可以看出：随着阵元间距的增加，其他天线阵元与阵元 1 的互阻抗值减小，这是由于互耦随着距离的增加而减小。

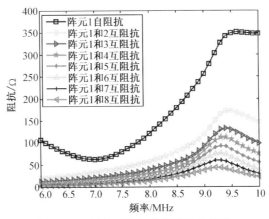

图 3.55　无地网均匀线阵互阻抗模值

3.4.2 地网对均匀线阵性能的影响

半波偶极子天线组成的八元均匀线阵,天线工作频率为 8 MHz,波长 $\lambda = c/f = 37.5$ m,偶极子天线振子全长 $L = \lambda/2 = 18.75$ m,振子直径 $r = 20$ cm,阵元间距为 $d = 15$ m,地网为正方形,其边长为 DWL $= 3\lambda + 4d = 172.5$ m。在 HFSS 电磁仿真软件中建模仿真,如图 3.56 所示。

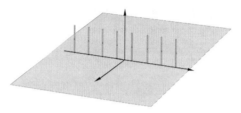

图 3.56 有地网偶极子均匀线阵模型

首先比较有无地网情况天线阵列各个阵元的自阻抗,分别如图 3.57 中(a)～(d)所示。由仿真结果可以看出,无地网情况天线的自阻抗比有地网情况天线的自阻抗大。

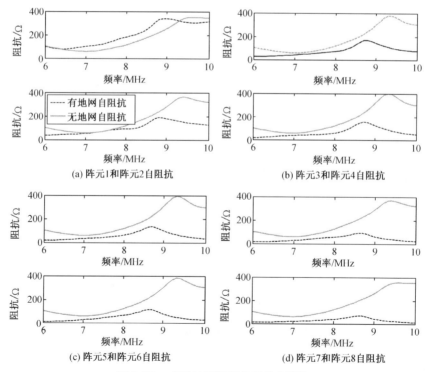

(a) 阵元1和阵元2自阻抗

(b) 阵元3和阵元4自阻抗

(c) 阵元5和阵元6自阻抗

(d) 阵元7和阵元8自阻抗

图 3.57 有无地网情况各天线自阻抗

　　阵元 1 与其他阵元的互阻抗如图 3.58 中 (a) ～ (d) 所示。由仿真结果可以看出,有地网情况阵元 1 与其他阵元的互阻抗均比无地网情况阵元 1 与其他阵元的互阻抗大,地网使天线间互耦增大。

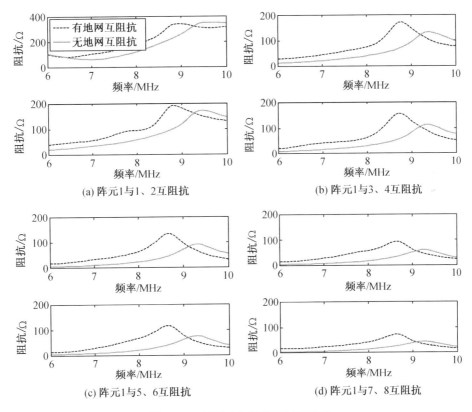

(a) 阵元1与1、2互阻抗

(b) 阵元1与3、4互阻抗

(c) 阵元1与5、6互阻抗

(d) 阵元1与7、8互阻抗

图 3.58　阵元 1 与其他阵元互阻抗

　　仿真各阵元电压驻波比对天线阵列影响,仿真结果如图 3.59 中 (a) ～ (d) 所示。通过有无地网情况电压驻波比的比较,结果表明:有无地网各阵元谐振频率不一样,有地网情况谐振频率低,在低频处电压驻波比较小,随频率的增加,电压驻波比较无地网情况变大。

　　在 HFSS 中对有无地网均匀线阵建模,天线方向图分别如图 3.60、图 3.61所示。仿真结果表明:有地网天线方向图最大增益会变大。通过 E 平面和 H 平面方向图可以看出,地网对天线阵列的影响也主要是 E 平面,使 E 平面最大增益增加,方向图上翘,且出现旁瓣;H 平面方向图影响很小。

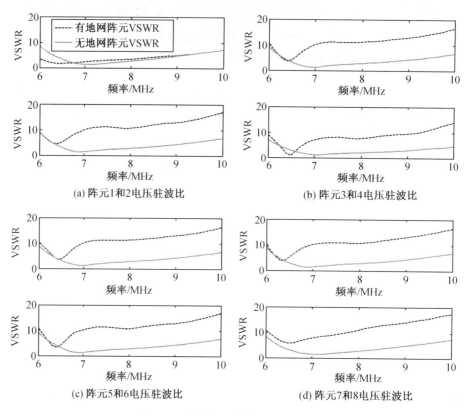

(a) 阵元1和2电压驻波比

(b) 阵元3和4电压驻波比

(c) 阵元5和6电压驻波比

(d) 阵元7和8电压驻波比

图 3.59 有无地网各阵元电压驻波比

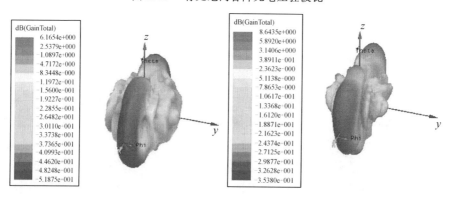

图 3.60 无地网均匀线阵方向图   图 3.61 有地网均匀线阵方向图

3.5 实际天线系统仿真分析

3.5.1 发射天线系统仿真

哈尔滨工业大学（威海）雷达站发射天线是一副对数周期天线，为了减小天线尺寸，天线为折叠为 π 型的单极子天线，设计频率为 $3 \sim 15$ MHz，共有 18 个振子，采用双线交叉馈电，地面铺设 100 m² 正方形地网，网格直径约为 10 cm；天线为不锈钢材质，馈线及地网为铜线，半径 5 mm 左右。

负载阻抗匹配是指传输线与负载之间的匹配，其目的是使传输线处于无反射的行波工作状态。此时负载吸收传输线传来的所有功率，传输效率高；负载对波源无影响，使波源工作更稳定[7]。

对于以平行双线馈电的对数周期天线，一般通过增加短支节线的方式调节其阻抗。短支节线又叫短截线、分支线，其匹配的原理就是利用分支线电抗产生一个新的反射，抵消原来不匹配负载引起的反射。如图 3.62 所示，通过调节分支线离终端的距离 d 和支节长度 l 即可实现无反射匹配，使分支线左边的长线工作在行波状态。

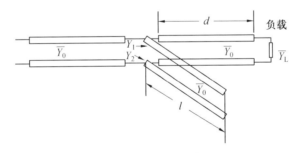

图 3.62　支节线示意图

为了使支节左侧工作在行波状态，必须有 $\overline{Y}_{in} = \overline{Y}_1 + \overline{Y}_2 = 1$，根据此方程，利用 Smith 圆图，可以很方便地确定 d 和 l。

由于没有天线的准确尺寸数据，需要根据天线设计理论以及实际估测结果推算天线的尺寸。发射系统的设计频率为 $3 \sim 15$ MHz，故最长振子对应波长 $\lambda_1 > 100$ m，最短振子对应波长 $\lambda_{18} < 20$ m。发射天线采用折叠单极子天线，故天线的长度 $l_n = \lambda_n / 8$。因此，最长振子的长度 $l_1 > 12.5$ m，最短振子的长度 $l_{18} < 2.5$ m。由式（3.1）可得

$$l_{18} = l_1 \tau^{17}$$
$$R_{18} = R_1 \tau^{17} \tag{3.20}$$

故得不等式组

$$\begin{cases} l_1 > 12.5 \\ l_1 \tau^{17} < 2.5 \\ \tan \alpha = 2l_1 / R_1 \end{cases} \tag{3.21}$$

化简可得

$$\begin{cases} \tau < 0.909 \\ \alpha < 14° \end{cases} \tag{3.22}$$

选择 $\tau = 0.909$，对应最佳 $\sigma = 0.17$，此时 $\alpha = 7.6°$，取 $l_1 = 12.5$ m，即可解得其他结构参数[8]。建立 HFSS 模型如图 3.63 所示，得到仿真结果如图 3.64 所示。

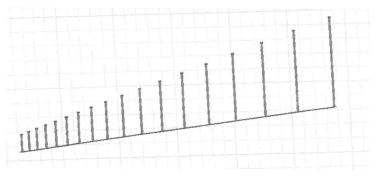

(a) 发射天线模型三维图

(b) 发射天线模型正视图   (c) 发射天线模型俯视图

图 3.63   发射天线模型示意图

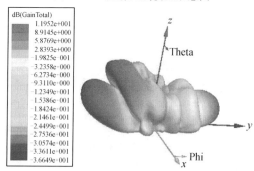

(a) 9 MHz 下发射天线 3D 方向图

图 3.64   发射天线方向图仿真结果

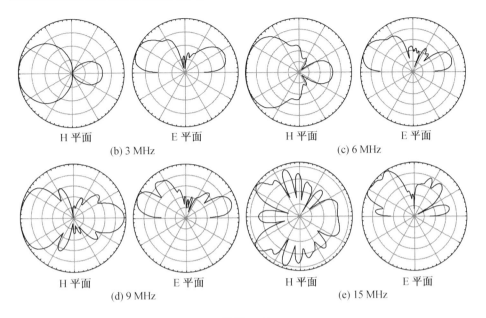

H 平面　　　　　E 平面　　　　　H 平面　　　　　E 平面
(b) 3 MHz　　　　　　　　　(c) 6 MHz

H 平面　　　　　E 平面　　　　　H 平面　　　　　E 平面
(d) 9 MHz　　　　　　　　　(e) 15 MHz

续图 3.64

仿真结果表明,发射天线的方向图形状随频率变化不大,天线的前后比在 10 dB 左右。H 平面主瓣宽度约为 40°,最大辐射方向为 0°;E 平面主瓣宽度约为 53°,最大辐射方向约为 69°。当频率较低时,天线的前后比会略小,这是因为阻抗匹配不理想造成的;当频率较高时,H 平面方向图旁瓣增多,可能是因为天线折叠造成的,具体情况还需要进一步研究。

3.5.2　接收天线系统仿真

接收天线为八元单极子均匀直线阵,每个阵元由四路振子合并而成。天线振子使用竖笼天线,直径约 20 cm,以保证宽频带接收回波信号。此处将天线简化为八元单极子均匀直线阵,中心频率为 9 MHz,阵元间距为 λ/2,铺设 100 m² 正方形地网,网格直径为 10 cm 左右。

接收天线结构较为简单,由中心频率为 9 MHz 的波长 $\lambda = 33.33$ m,天线的尺寸 $l = \lambda/4$,均匀分布,间距 $d = \lambda/2$。铺设长 $a = 9\lambda$,宽 $b = 6\lambda$ 的方格地网。HFSS 模型如图 3.65 所示,得到天线的方向图如图 3.66 所示。

由图 3.66 可以得出,接收天线在水平方向的主瓣指向 0° 方向,即面向大海的方向,主瓣的零点宽度大约为 30°,半波束宽度约为 10°;在垂直方向,辐射最大值在 70° 左右,半功率波束宽度约为 25°。在天顶方向(0°)有 − 8 dBi 的辐射增益。

图 3.65　　接收天线模型示意图

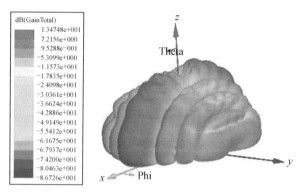

(a) 接收天线3D方向图

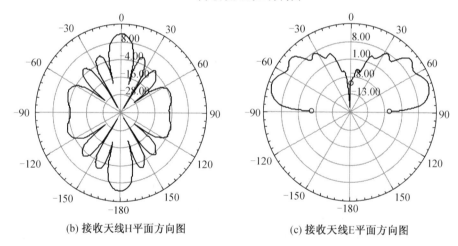

(b) 接收天线H平面方向图　　　　　　(c) 接收天线E平面方向图

图 3.66　　接收天线方向图仿真结果

　　如果再考虑实际地网的非理想性因素，则不论发射天线还是接收天线，在垂直方向的零点都会显著向左偏移[5]，这意味着从俯仰面进入雷达接收机的电离层回波强度将大幅增加。如果还加入地形不平整、地网形状、地网高度等工程因素，则收发天线方向图指向会有更复杂显著的偏移和畸变。实际工程中 HFSWR 收发天线阵列的特性，使得电离层回波沿多个俯仰角进入雷达系统。

　　已有文献对 HFSWR 电离层回波在时域、空域、Doppler 域和极化域的分布特性进行全面深入研究[9,10]，本书就不再涉及。下面联合垂测仪，对 HFSWR 电离层回波形态特征进行实际观测分析。

3.6　高频地波雷达与垂测仪联合观测

为更深入研究 HFSWR 电离层回波特性,本节对 HFSWR 实测数据与当地的垂测仪开展联合观测分析。高频地波雷达数据和垂测仪数据均来自山东威海哈工大雷达站(37.5°N, 122°E)。工作模式为垂测仪与 HFSWR 交替工作,以免彼此在同频带造成干扰。

HFSWR 发射天线为对数周期天线,接收阵列为 8 元单极子鞭状天线。雷达工作采用脉冲截断线性调频信号(Frequency Modulated Pulsed Continuous Wave,FMPCW),以解决收发共址问题。雷达系统工作参数如表 3.4 所示。

表 3.4　高频地波雷达实测参数

相干累计周期 /min	扫频周期 /ms	脉冲重复周期 /ms	脉冲宽度 /ms	发射功率 /kW	调频带宽 /kHz	距离分辨率 /km
5	110	3.45	0.45	2	30	5

雷达回波信号进入接收阵列后进行脉冲解压,以获取目标距离信息;通过对各个接收天线单元信号的相位加权,形成多个波束覆盖整个探测区域(一般在方位角[−60°,60°]间形成 7 个波束),获取方位角信息;对同一距离单元对应信号做 FFT,获取 Doppler 信息,如此就得到了本书要处理的数据——RD 谱。为提高 Doppler 分辨精度,以下均是取 5 min 数据做相干积累。

垂测仪安装于 2018 年 6 月,由中国电子科技集团公司第二十二研究所研制,具备 1 ∼ 30 MHz 扫频和定频两种探测模式;使用 Delta 天线;高度分辨率 ≤ 5 km;高度精度 ≤ 2.5 km;O/X 波极化分离成功率 ≥ 95%;f_0F_2 自动判读准确率 ≥ 90% 等性能技术指标。该垂测仪具有 O 波、X 波极化自动分离能力和电离图自动判读功能,可提供回波描迹、幅度、最小虚高、临界频率等电离层状态参数。

3.6.1　存在 HFSWR 天波传播路径

图 3.67 为 2018 年 6 月 28 日上午 10:53,HFSWR 与垂测仪的实测数据图。图 3.67(a) 为垂测仪扫频模式下实时频高图,灰色为 O 波,黑色为 X 波,颜色深浅代表回波强度。纵轴为电离层虚高 h,横轴为等离子体频率 f_p,可换算为电子密度 N_e:

$$f_p = 9\sqrt{N_e} \qquad (3.23)$$

图 3.67(b) 为 HFSWR 实测 RD 谱,雷达工作频率为 6 MHz,纵轴为雷达探测距离,横轴为 Doppler 频率。从图可见,在 RD 谱的 160～200 km 处出现了条状电离层回波。而通过频高图可见,E 层出现 110～130 km,且临界频率 f_E 在 5 MHz 左右。F 层中 6 MHz 对应的垂直反射距离为 350 km 附近,因此可以推断 RD 谱中 150～200 km 出现的电离层回波为 E 层斜向反射回波,400 km 附近出现的电离层回波为二次反射回波。

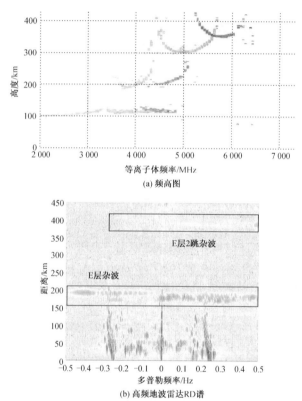

(a) 频高图

(b) 高频地波雷达RD谱

图 3.67　垂测仪频高图与高频地波雷达 RD 谱对比(2018 年 6 月 28 日上午 10:53)

在第 1 章已经分析过,电离层回波传播路径归纳起来有两种:直接反射路径回波和电离层－海面混合路径回波。直接反射路径回波又可分为垂直向与斜向反射回波。按照天波传播路径的定义,不经过海面直接从电离层后向反射路径称为 0.5 跳;经过一次电离层反射到海面,再沿原路径返回雷达接收系统的称为 1 跳。混合路径传播距离介于 0.5 跳和 1 跳之间,传播路径如图 3.68 所示。图 3.67 中的 E 层斜向散射电离层回波可能属于混合路径传播,也可能来自斜向直接反射路径。下面通过简单的几何运算分析,得出其来自斜向直接反射传播的结论。

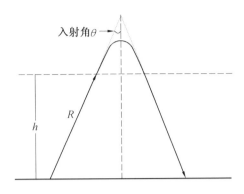

图 3.68　电离层传播路径示意图

如果该电离层回波来自混合路径,则由传播路径几何空间分布图可得

$$(\tan\theta + \sec\theta)h = R \tag{3.24}$$

由垂测仪中 h 和 RD 谱中 R 的范围,可以解出入射角 θ 的范围为

$$20° \leqslant \theta \leqslant 24° \tag{3.25}$$

由正割定理,此入射角对应的临界频率 f_0 范围为

$$5.3\ \text{MHz} \leqslant f_0 = f_{E0}\sec\theta \leqslant 5.5\ \text{MHz} \tag{3.26}$$

而雷达工作频率为 6 MHz,理应穿透 E 层。这与图 3.67 的观察不符。

当该电离层回波来自 E 层斜向后向散射时,由传播路径几何分布得

$$h = R\cos\theta \tag{3.27}$$

通过高度可以估算出波束入射角 θ 的范围为

$$47° \leqslant \theta \leqslant 50° \tag{3.28}$$

由正割定理,此入射角对应的临界频率 f_0 范围为

$$7.3\ \text{MHz} \leqslant f_0 = f_{E0}\sec\theta \leqslant 7.7\ \text{MHz} \tag{3.29}$$

雷达工作频率 6 MHz 低于此临界频率,因此会产生后向散射,从而验证了 RD 谱中的电离层回波来自 E 层后向反射传播路径。

3.6.2　HFSWR 分裂为 O 波和 X 波

由高频段电磁波在电离层中传播的磁离子理论,在忽略离子碰撞和热运动,并考虑地球磁场 **B** 条件下(波矢 **k** 垂直于 **B** 时),等离子体折射指数 Appleton－Hartree 公式可表示为

$$\mu^2 = 1 - X \tag{3.30}$$

$$\mu^2 = 1 - \cfrac{X}{1 - \cfrac{Y^2}{1 - X}} \tag{3.31}$$

其中

$$X = \frac{\omega_\text{p}^2}{\omega^2} \tag{3.32}$$

$$Y = \frac{\omega_\text{H}}{\omega} \tag{3.33}$$

式中　　μ——电波在电离层中的折射指数；

　　　　ω_p——等离子体角频率；

　　　　ω——电磁波角频率；

　　　　ω_H——电子磁旋频率。

式(3.31)对应的是寻常波，或"O"(Ordinary)波，沿地磁力线偏振，其折射指数与地磁场无关。式(3.32)对应的是非常波，或"X"(Extraordinary)波，偏振状态既不纯纵也不纯横，其电场矢量在与磁力线垂直的平面内是一椭圆。由于这两种特征波反射条件不同，同一入射频率下，X波和O波的反射高度、临界频率也不尽相同。当 $f_\text{p} \gg f_\text{H}$ 时，二者临界频率之差为

$$|f_\text{o}^\text{x} - f_\text{o}^\text{o}| = \frac{1}{2}f_\text{H} \tag{3.34}$$

在垂测仪系统中，电离层临界频率的计算只基于O波，不考虑X波。这样在较高电离层高度，式(3.34)成立。如果电波频率高于O波临界频率而低于X波临界频率，按照垂测仪反演结果，理应没有电离层回波。但这与HFSWR观测不符。

图3.69为2018年6月28日10:38威海HFSWR与垂测仪的实测数据图。图3.69(a)为垂测仪频高图，E层临界频率为4.8 MHz，F层临界频率为5.5 MHz。这是基于O波计算出的，电离层临界频率即为O波描迹后的最大频率，反射真

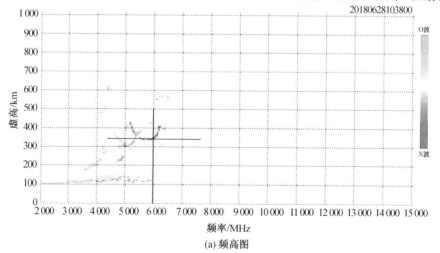

(a) 频高图

图3.69　垂测仪频高图与高频地波雷达RD谱对比(2018年6月28日10:38)

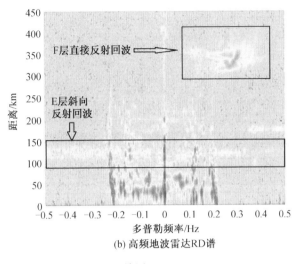

(b) 高频地波雷达RD谱

续图 3.69

高及电子密度剖面反演也只基于 O 波。图 3.69(b)为 HFSWR 实测 RD 谱,雷达工作频率为 6 MHz。可见在 100~150 km 有 Doppler 扩展的电离层回波,此应为 E 层斜向天波传播路径回波。在 320~370 km 处的电离层回波应为 F 层直接反射路径回波。对应频高图,6 MHz 的反射虚高在 340 km 附近。由于雷达积累时间较长,且从电离层回波 Doppler 扩展形态看,这应该是电离层漂移时的反射回波,在距离域上产生扩展,因此频高图与 RD 谱在距离上大致相符。按垂测仪的反演理论,雷达工作频率 6 MHz 已超过 F 层临界频率5.5 MHz,但此时仍有显著的电离层回波,故对 HFSWR 而言,临界频率必须要考虑 X 波,这与垂测仪不同。

　　图 3.70 为 2019 年 1 月 5 日 16:34 威海 HFSWR 与垂测仪的实测数据图。图 3.70(a)为垂测仪频高图,由于临近日落,因此 F 层电子密度快速下降。垂测仪反演出的 F_2 层临界频率为 3.9 MHz。图 3.70(b)为同一时刻 HFSWR 的 RD 谱,雷达工作频率为 4.1 MHz,高于垂测仪反演出的 F_2 层临界频率,但仍然能清楚地观测到电离层回波。当垂测仪与 HFSWR 联合工作时,需要特别注意这点,应将 O 波与 X 波临界频率最大值作为 HFSWR 观测到的电离层临界频率。

　　因此对 HFSWR 而言,雷达波束进入电离层后,由于地磁场作用,会分裂成两个不同特征的 O 波与 X 波,不仅其对应的临界频率不同,反射高度也不同。图 3.71 是 16:05 威海 HFSWR 与垂测仪的实测数据图,雷达工作频率仍为 4.1 MHz。由图 3.71(a)可见,4.1 MHz 时 O 波反射虚高在 238 km 附近,X 波反射虚高在 270 km 附近。对应的在图 3.71(b)的 RD 谱中,O 波和 X 波反射虚高分别为 245~260 km、285~310 km。

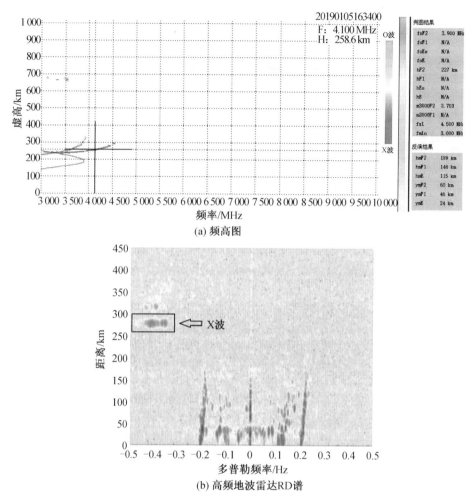

图 3.70   垂测仪频高图与高频地波雷达 RD 谱对比(2019 年 1 月 5 日 16:34)

3.6.3   HFSWR 电离层回波随电子密度波动

图 3.72 和图 3.73 分别为 2019 年 1 月 5 日威海雷达站垂测仪频高图与 HFSWR 的 RD 谱,对应时间分别为 11:55、12:27、12:39 和 12:51,雷达工作频率仍为 4.1 MHz。从频高图可见,这段时间内 E 层消失,主要电离层回波均来自 F 层,且 F 层电子密度峰值呈下降趋势。

图 3.72(a)表明 4.1 MHz 电波会分裂为 X 波和 O 波,高度分别为 230 km 和 270 km,而在图 3.73(a)中,电离层回波出现在 230～240 km 和 270～280 km。两者的虚高大致符合,这说明了此时 HFSWR 的电离层回波来自垂直

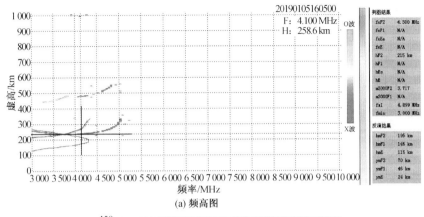

(a) 频高图

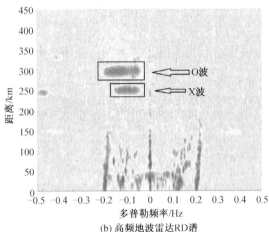

(b) 高频地波雷达RD谱

图 3.71 　 垂测仪频高图与高频地波雷达 RD 谱对比（2019 年 1 月 5 日 16：05）

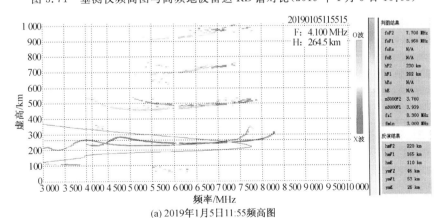

(a) 2019年1月5日11:55频高图

图 3.72 　 垂测仪频高图（2019 年 1 月 5 日，威海）

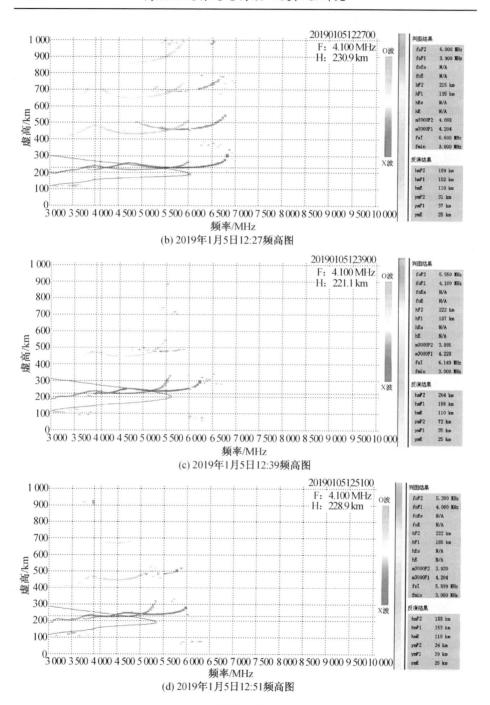

(b) 2019年1月5日12:27频高图

(c) 2019年1月5日12:39频高图

(d) 2019年1月5日12:51频高图

续图 3.72

方向 F 层的反射,也再次印证了上节分析的 HFSWR 可观测到 X 波和 O 波。
与图 3.70 不同的是,此时 O 波反射高度大于 X 波的反射高度,临界频率也是
如此。

　　这里需要特殊分析的是图 3.73(c),12:39 的 RD 谱,主要电离层回波集中
在 230~250 km,由对应的垂测电离图,图 3.72(c)可见,当时并无 E 层,电离层
也处于稳定状态,4.1 MHz 对应的反射虚高为 230 km,说明主要电离层回波来
自天顶方向的 F_2 层直接反射路径。但该电离层分布特征还有与其他三个时间
不同之处,呈现出更为复杂的电离层空间结构,在 35 km、100 km、150 km 和
250 km 附近均出现了 Doppler 域扩展的“条状”电离层回波,但其强度均较弱。
对照 12:27 和 12:51 的垂测仪反演结果可以发现,12:39 的 F_2 层厚度为 72 km,
是相邻时刻 F_2 层厚度的两倍。因此推断,这些电离层回波可能是由于 F_2 层短
时间变厚引起的。再根据这些扩展的电离层回波强度都较弱的特征,进一步推
测这可能是由于 F_2 层电离层结构突变,上一探测距离周期经过天波传播路径或
天－海混合路径的电离层回波折叠到本距离门所致。不然,在 35 km 是不可能
有电离层回波的。按照表 3.1 的仿真参数计算,雷达最大不模糊距离为450 km。则
可估算出天波路径 1 跳的距离范围为 460~500 km,对应折叠距离在 10~
50 km。其他范围的电离层回波应为天－海混合路径的折叠回波。

　　纵观图 3.72(a)~(d),可见从 11:55 到 12:51 这近 1 h 内,电离层最显著的
特点是 F_2 层临界频率一直下降,从 7.7 MHz 降至 5.3 MHz。而 HFSWR 的
RD 图的变化不甚明显。对此,分别对四幅图分析像素的均值、中位数、众数、方
差和熵等特性,发现只有方差具有明显规律变化。图 3.74 是 RD 谱方差变化的
三阶最小二乘拟合图,横轴为时间,11:55 记为 0 时刻,纵轴是 RD 谱灰度方差

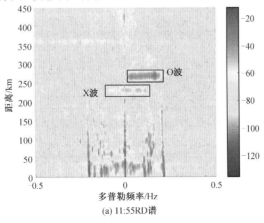

(a) 11:55RD 谱

图 3.73　高频地波雷达 RD 谱(2019 年 1 月 5 日,威海)

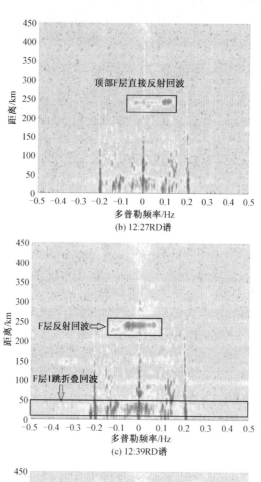

(b) 12:27RD谱

(c) 12:39RD谱

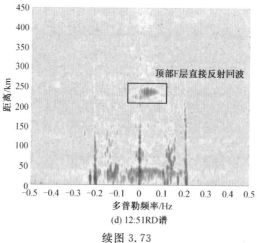

(d) 12:51RD谱

续图 3.73

值。从图可见,在此时间段内,RD 谱的方差呈单调下降趋势。这意味着电离层回波波动幅度趋于平稳。对应的可能物理机制是随着 F_2 临界频率的降低,F 层电子密度峰值减小,则 HFSWR 电离层回波波动也随之平缓。这与第 5 章、第 6 章的相干散射理论符合,即电离层 RCS 散射系数与电离层电子密度波动幅度成正比。

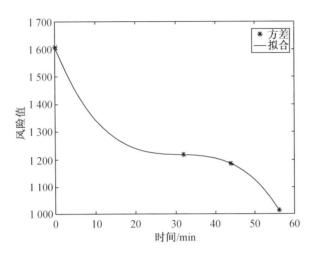

图 3.74 RD 谱方差变化图(2019 年 1 月 5 日,威海)

此外,联合图 3.69~3.74,还可发现雷达 RD 谱中的 F 层回波(距离单元在 150 km 以上)与垂测仪在虚高上基本符合,而 E 层相差较大。这意味着,HFSWR 的 F 层回波可能来自垂直传播路径。这点与加拿大 HFSWR 和垂测仪联合观测的结果一致[10]。当 E 层回波在 HFSWR 与垂测仪不一致时,则对应着其他传播路径。加拿大研究认为,此时 E 层回波来自混合路径。本节则认为可能来自斜向天波传播路径。

最后要说明的是,由于威海雷达站安装垂测仪不久,目前和 HFSWR 联合观测数据有限,以上结论均来自少量数据的分析,因此可能与大数据统计结果有出入。由于电离层的高度复杂多变特性,需要长期大量持续观测数据,才能总结出一般规律。这有待未来开展进一步的研究。

本章参考文献

[1] 肖卫东,潘涵. 国外电磁兼容仿真软件发展概述[J]. 装备环境工程,2010,7(2):55-60.

[2] 万博,胡小峰,雷晓勇,等. 对数周期天线的设计与仿真[J]. 河北科技大学

　　学报,2011,32:39-42.

[3] 邮电部北京设计所. 电信工程设计技术手册:天线和馈电线[M]. 北京:人民邮电出版社,1985:75-124,230-270,498-547.

[4] 马汉炎. 天线技术[M].3 版. 哈尔滨:哈尔滨工业大学出版社,2008:8-85.

[5] BROWN G H . Directional antennas[J]. Proceedings of the Institute of Radio Engineers,1937,25:78-145.

[6] 褚晓慧. 岛基高频地波雷达天线研究[D]. 哈尔滨:哈尔滨工业大学,2015:45-47.

[7] 毛钧杰. 微波技术与天线[M]. 北京:科学出版社,2006:147-154.

[8] 王霖玮. 高频地波雷达收发天线方向图仿真研究[D]. 哈尔滨:哈尔滨工业大学,2015:32-35.

[9] 张鑫. 基于多维联合的高频雷达杂波及干扰抑制方法研究[D]. 哈尔滨:哈尔滨工业大学,2016:1-11.

[10] 洪泓. 高频地波雷达多域协同抗电离层回波干扰方法研究[D]. 哈尔滨:哈尔滨工业大学,2014:1-16.

第4章 电离层实高及 F_2 层临界频率估计

4.1 概 述

第2章讨论了高频电磁波在电离层中的传播机理。第3章讨论了高频地波雷达收发天线系统和电离层回波之间的密切关系。虽然高频地波雷达沿水平方向发射垂直极化波,但由于天线阵列的非理性性,电磁波并非全部沿海面传播,部分电磁波能量向上射向电离层并被电离层反射后,以各种途径返回接收机,形成电离层回波。高频地波雷达中的电离层回波存在多种可能传输路径,有来自电离层的后向散射信号(可分为垂直与斜向两种传播路径)、电离层—海面混合传播回波信号及多跳多径等。本章在前两章研究的基础上,给出不同种类的电离层回波信号高频地波雷达的距离—多普勒谱中的分布特性,并且根据电离层回波信号方向性的不同,提取出电离层垂直方向回波,在电离层线性模型和抛物模型假设下,分别对电离层实高进行估计。最后,利用最小二乘法,对 F_2 层临界频率进行估计。

4.1.1 高频地波雷达信号处理简介

目前高频地波雷达发射信号一般是线性调频信号或伪随机相位编码信号。线性调频信号(Chirp 信号)通过非线性相位调制或线性频率调制获得大时宽带宽积,它是应用最广泛的一种脉冲压缩信号。采用线性调频脉冲压缩技术的雷达可以同时获得远的作用距离和高的距离分辨力。雷达对接收信号的处理流程如图 4.1 所示。

图中,S_i 为各个接收天线接收的信号,将各个接收信号进行如下处理,最终获得距离—多普勒谱。

(1)匹配滤波。

将接收信号与接收机内部的发射信号相乘并积分,当发射信号的时延变化时,匹配滤波会在某个位置产生极大的尖峰,这个尖峰将大大地提高接收信号的信噪比,从而提升雷达系统的效能。

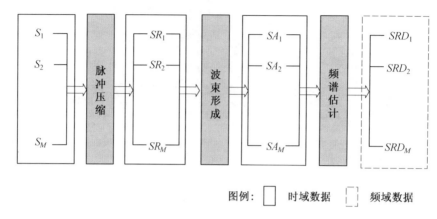

图例：□ 时域数据　□ 频域数据

图 4.1　高频地波雷达信号处理流程图

（2）波束形成。

将每个天线的接收信号进行相位补偿再相加，就得到了某一方向波束形成的结果。通过不断改变相位补偿的大小，可以得到各个方向的波束。

（3）频谱估计。

将脉冲周期不断重复以获得多个周期的距离信息。将这些信息存入一个阵列中，对于同一距离门的单元进行快速傅里叶变换，这样就得到了某个距离门上的频谱信息。对所有距离门做同样的操作，就得到了要处理的数据源——距离－多普勒谱。

4.1.2　HFSWR 电离层回波在 RD 谱中的分布特性

高频地波雷达距离－多普勒谱可以捕获点目标的回波，因为点目标在距离域上没有扩展，在多普勒域上往往也只占据着几个单元，所以一个点目标在图谱中往往体现为一个点。另一个较为常见的回波信息是海杂波，海杂波是由于波浪反射特定频率的电磁波而形成的。由于各个距离的海浪都可以反射电磁波，所以海杂波在距离域上有着较大的扩展，而在多普勒域上扩展较小，其在距离－多普勒谱上呈现为很明显的垂直方向脊状图形。电离层回波作为高频地波雷达距离－多普勒谱中第三种常见的回波，与点目标和海杂波都呈现完全不同的形态特征。高频地波雷达的电离层回波在其距离－多普勒谱中往往呈现带状和面状。不管是面状还是带状回波，都是由电离层回波在距离域和多普勒域的扩展造成的。接下来要给出不同形状的电离层杂波形成原因的解释。

1. 带状电离层回波

带状电离层的特点如下：它们能量强度一般都比较大，有的时候可以远远超过海杂波和点目标回波；带状电离层回波在距离域上的扩展较小，一般只占据几个距离门；在多普勒域上，带状电离层杂波却占据着很多单元。因此整体上，带状电离层回波呈现非常明显的水平山脊形状。如图 4.2 所示。

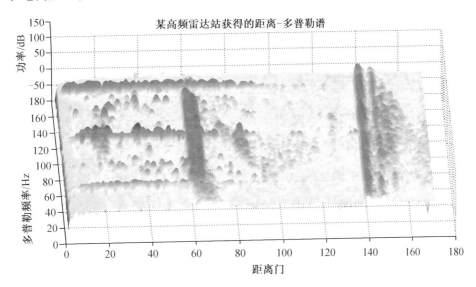

图 4.2　高频地波雷达距离－多普勒谱

图 4.2 是我国某地的高频地波雷达站在 2010 年春季的某一天下午测试的结果图。可以看出在 60 号到 65 号距离门之间是很大强度的回波。这就是典型的 F 层回波。这种电离层回波通常只在电离层稳定的时候产生，此时电离层活动非常平稳，垂直方向回波路径很容易建立，能量很强。而非垂直入射的电磁波经电离层反射后向各个方向分散传播，所以各个路径不容易建立，而且能量较弱。因此，大部分能量是沿着垂直路径运动。垂直入射电磁波距离扩展产生的主要原因是电离层宏观的高度升降以及电子密度的微观变化引起的虚高变化。在电离层稳定期，不论是电离层高度宏观变化还是电子密度的微观变化都非常小，所以垂直方向回波距离扩展很小。同时，电离层中电子密度的不断变化，会引起多普勒的变化。因此，电离层回波会产生非常明显的多普勒域扩展。最终体现在 RD 谱上的电离层回波的特征就是水平方向的脊状图形。

由于这种电离层回波携带了大量电波虚高的信息，因此这种带状电离层回波成为接下来图像提取以及距离估计的重点研究对象。

2. 面状电离层回波

面状电离层回波有着与带状电离层杂波完全不同的特性，其往往占据很多的距离单元，同时在多普勒域上也有着较大的扩展，但是与带状回波不同的是，这种距离—多普勒的扩展常常是没有规律的。

面状电离层回波通常是由斜向入射的电波被活动特别剧烈的电离层折射或反射而成。在电离层平静期,非垂直方向入射的电磁波会向远离雷达方向发射。而在电离层的非平静期,由于电离层活动特别剧烈,以前无法回到雷达接收天线的非垂直入射的电磁波也通过之前无法建立的斜向传播的路径,回到了雷达接收天线。另外,原本在垂直方向被反射的能量,由于电离层的活动,大量泄漏到了自由空间中。这些电离层回波会以各种垂直以及非垂直的路径传播直到被接收阵列所接收。由于海面的存在,电离层回波还会沿着海天混合路径进行传播,这种传播模式有很大的多样性。而这种多样性会引电离层回波在距离域大范围的扩展。

由于距离上的拓展,这种面状电离层杂波通常占据很大范围的距离单元,处理起来非常复杂,而且它们携带的信息中,垂直分量虽然也存在,但是比例较少,大部分的信息都是非垂直方向传播的电磁波所带来的。面状电离层回波的垂直信息分量非常少,而作为干扰信息的非垂直方向信息分量很多,因此,如何消除这些回波信息的影响是一个主要的研究内容。

3. 多径效应的影响

由于垂直方向传播的电离层回波能量很强,当它们反射到雷达附近的地面或者海面时,这些能量会被再次发射到天空中,再经过电离层的发射回到雷达接收天线,这样就形成了电离层的二次反射回波。如果二次反射之后的电磁波能量依然很强,那么电磁波会在天地之间发生多次反射。这些多次反射的电离层回波在距离—多普勒谱上会产生多条水平脊状图形。

这些脊状图形虽然有些在能量上呈现比较强的强度,但是,由于二次回波的距离通常很远,因此可以从距离域上将二次回波与直接回波区别开来。另外对于多次回波来说,虽然它们可能因为距离模糊而出现在较近的距离门上,但是由于多次回波的强度与直接回波比相对较低,因此对于电离层高度信息获取的影响不是很大。因此,本章将忽略多次回波的影响,只考虑一次回波产生的情况。

4.2　垂直方向电离层回波的提取

高频地波雷达电离层回波的仰角直接影响其回波能量的强弱,并且回波在多普勒域上具有明显的方向性。位于垂直方向波束的照射面位置几乎不变,而位于其余方向的电离层杂波的照射面位置发生很大的变化。随着仰角不同,相同波束宽度电波的照射面面积会发生不同的变化。照射面越大,发射回波受电离层不规则扰动影响的概率越大,不同照射面变化的相关性就越低,所以回波信号的相关性也越低。因此非垂直方向的电波就具有很强的方向性,垂直方向回波具有的方向性并不明显。由此,可以利用垂直回波与非垂直回波的方向性强弱差异来提取垂直方向的电离层回波,具体方法及流程如下。

4.2.1　RD 谱归一化方差

图 4.3 所示是 2010 年 4 月 29 日 15 时左右我国某处高频地波雷达站某时刻的实测数据[1]。

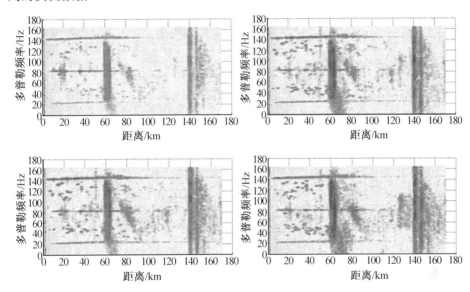

图 4.3　高频地波雷达站某时刻不同方向的距离－多普勒谱图

从该图中可以明显地看出,上面讨论过的海杂波、点目标杂波以及非常明显的脊状电离层杂波。并且可以看出,这四个不同方向的距离－多普勒谱中各个元素的分布情况大致相同:电离层回波与海杂波的分布位置相同,地物回波位置也基本一样。然而,虽然不同方向上高频地波雷达的电离层回波能量分布非常相似,比如,电离层杂波出现的位置以及形状等,但是在某些地方却有着很明显的方向性。

如图 4.4 所示,在 200～280 km 之间以及 340～400 km 之间,电离层回波信号的形状和强度都有着明显的变化。另外,电离层杂波所引起的总体噪声也随着方向变化而变化。比如,左边的电离层回波总体强度比右边的要低。这种随着方向变化的信号,方向性很强。这种回波信号随波束角度变化而变化的程度需要一种新的变量去刻画,即信号随波束变化而变化得越剧烈,则该变量越大;反之,若信号随波束变化而变化得越轻微,则该变量越小。

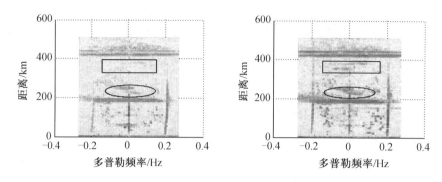

图 4.4　不同方向距离－多普勒谱图中电离层回波差异

我们知道,方差是一种衡量变量偏离其中心值大小的量。计算不同距离－多普勒谱图中每个像素点像素值的方差,如果方差很大则说明该像素点受到了方向性非常显著的能量的干扰;反之,该像素点像素值的方差越小,就说明该点受到方向性不强的电波的影响。但是,在实验过程中发现,在那些能量较大的像素点的方差也通常比较大。因此,经过实验,本书采用像素点归一化的方差值作为衡量变化剧烈程度的一个变量。下面就依据这个变量来进行垂直方向电离层回波的获取。

图 4.5 是将高频地波雷达接收回波的距离－多普勒谱进行归一化方差处理之后得到的结果。在图中,颜色越浅的地方,方差越大;而颜色越深的地方,方差

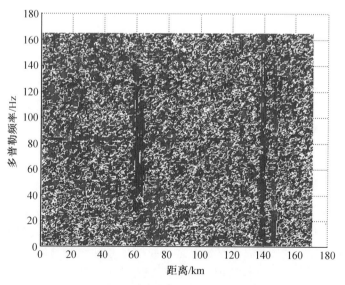

图 4.5　距离－多普勒谱不同方向方差图

越小。从图中可以看出,在大部分区域方差图呈现着非常均匀的、蓝白相间的雪花图案。但是,在之前的距离－多普勒谱中带状电离层回波出现的区域,方差图却呈现着非常明显的深蓝色带状图形。这张图证实了本书之前判断的合理性,即垂直方向传播的电离层杂波的方差确实较周围区域小。因此,可以通过这个方差图消除非垂直方向的电离层回波,从而得到电离层回波的垂直方向分量在距离－多普勒谱中的分布。

4.2.2　阈值分割

首先简要介绍一下图像分割的基本概念。图像分割就是将图像中人们感兴趣的地方从整个图像中分离出来的一种方法。目前的图像分割算法大致分为以下几种:基于边界检测的图像分割、基于阈值的图像分割、基于形态学特征的图像分割。

其中可以应用在分割电离层回波分量的方法大致有两种:一种是通过阈值方法,即设定一个阈值,大于此阈值即为电离层回波,小于此阈值则不是电离层回波。这种方法的优势在于,利用了电离层回波的统计特性,并且分离算法非常迅速。而这种算法的缺点也是明显的,即没有考虑到电离层杂波形态学上的特征——面状与带状分布。另一种是利用电离层的形态学采取区域生成的方法,通过适当选取种子元素,逐步完成图像分割,分割之后的结果就是电离层回波区域。这种方法虽然考虑到了电离层回波的形态特征,但是在区域生成的过程中,海杂波、地物回波、流星余迹等尖锐噪声的特征很有可能与附近的电离层回波类似,因而它们很有可能被纳入电离层回波的范围之内。

因此,在本书中,结合电离层回波的强度特征与形态学特征,综合上述两种方法的优点,提出电离层垂直方向分量的分割方法。首先要对图谱进行阈值分割,将电离层的距离－多普勒谱进行幅度归一化处理,即将原图的各个像素点的像素值线性映射到 $[0,1]$ 区间之中。之后通过多次实验发现,将阈值设置为 0.83 时分离出的电离层回波效果最好。

图 4.6 为阈值依次取 0.83、0.8、0.85、0.88 时图像分割结果图,由图中对比可知,将阈值设置为 0.83 时能最好地保留电离层回波并尽可能多地滤除其他杂波干扰。阈值分割虽然可以从噪声以及其他杂波中分离出电离层回波、海杂波、流星余迹等强回波,然而,这样一种分离结果尚不足以成为之后的高度估计的依据。因此还需要对图谱进一步处理来消除非垂直方向的回波。

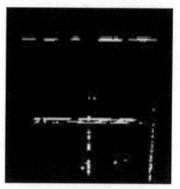

(a) 阈值为0.83时图像分割结果

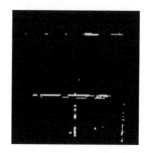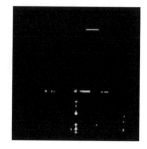

(b) 阈值分别为0.8、0.85、0.88时图像分割结果

图 4.6 阈值分割处理图

4.2.3 连通区域生成

由于电离层回波信息有很好的相关性,因此回波区域常表现为一个连通的区域,即电离层杂波是连通的,可以很好地与其余各种杂波相分离。接下来将利用这样一种特性将电离层杂波与其余各种杂波进行分离。

分离的方法如下,首先在距离—多普勒谱中将不同电离层谱每一个独立区域找出,并进行编号,由于电离层回波所在的连通区域通常面积很大,所以,可以通过统计各个连通区域的面积,删除掉小面积的连通区域,这样也就消除了海杂波、地物回波等杂波干扰。

经连通区域生成处理后的图谱如图 4.7 所示。

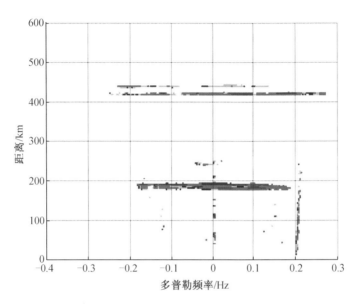

图 4.7　连通区域生成处理图谱

4.2.4　利用先验知识进一步处理

对于二次回波等干扰来说,由于人们对电离层回波的分布位置是有先验经验的。例如,E 层直接回波距离在 100~150 km,而 F 层直接回波往往在 150~400 km。因此,可以利用这些信息去除非一次回波以及海杂波等干扰,只保留电离层回波。在这里,利用了上一节的线性模型电离层虚高仿真结果。将每个频率的电磁波虚高的理论值作为参考值,参考值上下 50 km 作为参考区间,只保留参考区间之内的电离层回波信息,直接舍去参考区间以外的所有信息。

本书对连续 18 个批次(135~152 号批次)的数据进行实验,得到各个批次的方差图、连通区域图,以及最后的结果图。这里选取第 135 号、144 号、152 号批次的结果来说明本书提出的提取方法的有效性。

图 4.8~4.10 为第 135 号、144 号、152 号批次数据处理过程中的连通区域生成图像、方差处理图像及最后提取出的电离层回波图谱。由上面三批次数据的处理结果可以看出,本书提出的结合阈值分割、方差图、连通区域分割以及电离层虚高先验知识的垂直方向电离层回波信息分割方法性能比较良好,可以为下一步的电离层高度估计提供性质较为良好的估计样本。

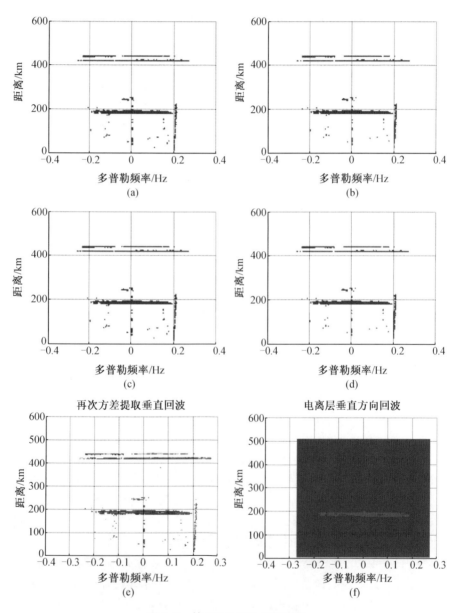

图 4.8　第 135 号批次处理结果

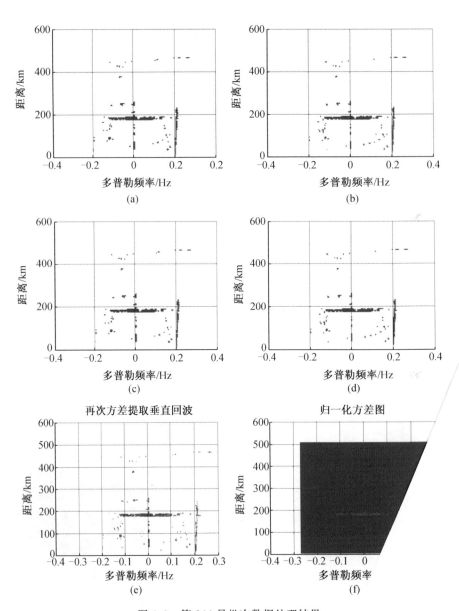

图 4.9　第 144 号批次数据处理结果

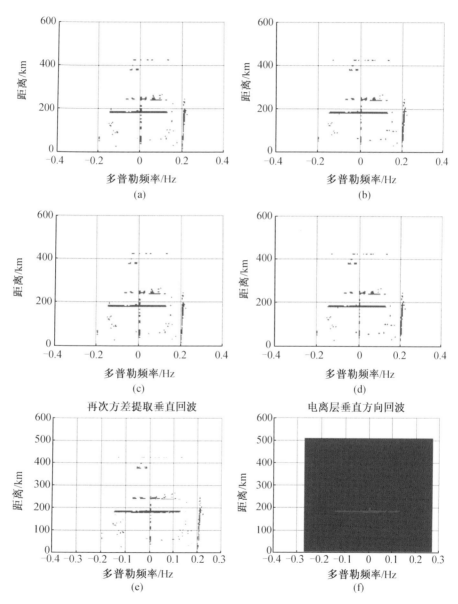

图 4.10　第 152 号批次处理结果

4.3　线性模型下 HFSWR 电离层高度估计

4.3.1　电离层反射实高与虚高分析估计

雷达 RD 谱中的距离是由群时延计算得来,因为电磁波在电离层中的传播速度小于光速,所以此距离不是电磁波在电离层中反射的真实高度,而是虚高。首先假设电离层是线性模型,所得的结果不仅有助于解释实高与虚高的关系,还可为接下来的电离层的高度估计结果提供一个较为准确的参考标准。

下面分两种情况讨论电离层反射实高与虚高的关系。

1. 垂直方向入射时电离层高度估计

垂直方向入射的电磁波的虚高计算较为简单。由于垂直方向电磁波传播的轨迹为垂直方向的直线,因此只需求出电波在电离层内的传播时间,便可以得到该电波的反射虚高。图 4.11 为其示意图。

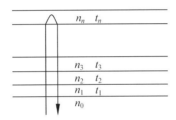

图 4.11　垂直方向电离层回波反射示意图

如图 4.11 所示,将电离层底部到电波反射点高度的距离均匀划分为 n 个小薄层,则每个电离层每个薄层的折射率为 n_i。假设电磁波在空气中传播速度为 c,则在每个小薄层,电磁波的速度为 cn_i。再设每一小薄层的厚度为 dz,则电波穿越该层的时间 $t_i = dz/cn_i$。最后,求和可得,该电波从电离层下表面高度 z_0 到其反射点高度 z_{MAX} 的传播时间为

$$T = \sum t_i \tag{4.1}$$

当薄层的厚度不断减小时,T 的值趋于极限

$$T = \int_{z_0}^{z_{MAX}} \frac{1}{n_i c} dz \tag{4.2}$$

所以,电磁波在电离层内的等价传播距离为

$$L = c \times T = \int_{z_0}^{z_{MAX}} \frac{1}{n_i} dz \tag{4.3}$$

于是垂直方向入射的电离层的等价虚高为

$$z = z_0 + \int_{z_0}^{z_{\text{MAX}}} \frac{1}{n_i} \mathrm{d}z \tag{4.4}$$

通过 MATLAB 对垂直入射电磁波的虚高进行仿真得到的结果如图 4.12 所示。

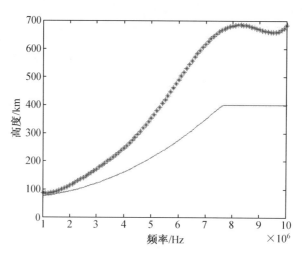

图 4.12　垂直方向电离层回波实高与虚高随频率变化图

由图 4.12 可以看出:首先,垂直方向入射时,电离层虚高总是大于实高。其次,随着频率的增加,虚高与实高的差距越来越大,这是由于频率越高、电磁波在电离层内的实高越大、在电离层内的传播距离也就越长,因此传播时延受到电离层的影响也就越大。最后,理论上当电磁波的频率高于 7.7 MHz 时,电磁波将穿出电离层,但这里为了方便,统一将实高设置为 400 km。而虚高图在大于 7.7 MHz 的时候有一个摆动的"尾巴",这是因为利用 MATLAB 积分出的结果带有"毛刺",为了消除这些毛刺,这里利用多项式进行拟合,这个"尾巴"就是典型的多项式拟合的结果。

2. 斜射电磁波反射高度估计

与垂直方向入射的电磁波不同,非垂直方向入射的电磁波由于受到电离层的逐层折射的作用影响,其在电离层内的传播路径要比垂直方向电磁波复杂得多。当电波斜射时,类似之前的薄层分析法,它在一个薄层中的传播路径是一条斜线,图 4.13 为其示意图。

假设 φ_0 为初始入射角,φ_i 为每一薄层对应的入射角。在某一层内,垂直方向电离层的传播长度为 $\mathrm{d}z$,而同一层内的非垂直方向的电磁波传播长度为 $\mathrm{d}z\sec(\varphi_i)$,相应的传播速度为 cn_i,所以总的电离层传播时间为

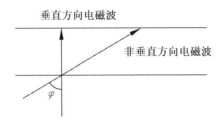

图 4.13　非垂直方向与垂直方向电磁波在电离层内传播轨迹示意图

$$T = \sum_{i=1}^{n} \frac{\mathrm{d}z\sec(\varphi_i)}{n_i c} \tag{4.5}$$

因此,非垂直方向电磁波等效传播距离为

$$L = cT = \sum_{i=1}^{n} \frac{\mathrm{d}z\sec(\varphi_i)}{n_i} \tag{4.6}$$

进而可得非垂直方向入射的电磁波的虚高为

$$z = z_0 + L\cos\varphi_0 = z_0 + \sum_{i=1}^{n} \frac{\mathrm{d}z\sec\varphi_i}{n_i}\cos\varphi_0 \tag{4.7}$$

4.3.2　电离层反射高度估计

令电离层垂直方向回波的能量分布为 $f(r,d)$,则用 $f(r,d)$ 对每个像素点进行加权并求和,最终得到电波的高度估计的结果如下:

$$\hat{R} = \frac{\int \left[r * \int f(r,d)\,\mathrm{d}d \right]\mathrm{d}r}{\iint f(r,d)\,\mathrm{d}d\,\mathrm{d}r} \tag{4.8}$$

利用该公式对上一节得到的 18 个批次的电磁波垂直方向回波能量图进行计算,得到高度估计的结果,这里给出其中 144 号、152 号批次结果,如图 4.14 所示,可以看出,已经得到了较为准确的电离层虚高的估计值。

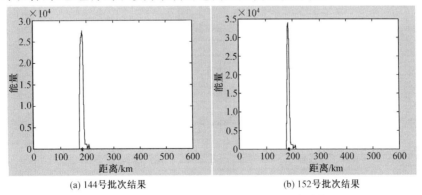

(a) 144号批次结果　　　　　　　　(b) 152号批次结果

图 4.14　第 144 号、152 号批次数据高度估计结果

　　这里一并给出电离层 18 个批次水平方位 48 度的数据源以及测量结果,分别如图 4.15、图 4.16 所示。

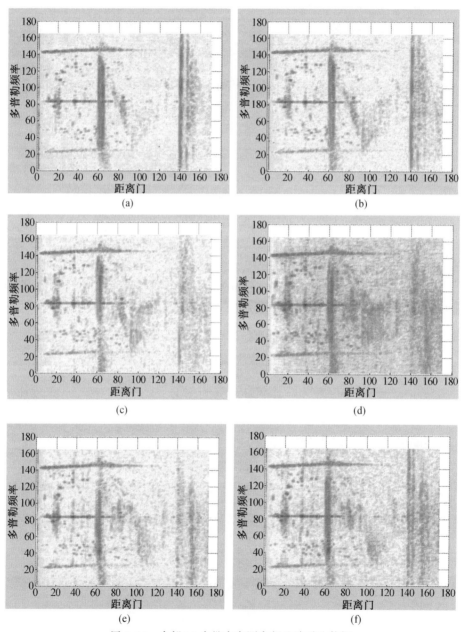

图 4.15　全部 18 个批次实测高频地波雷达数据

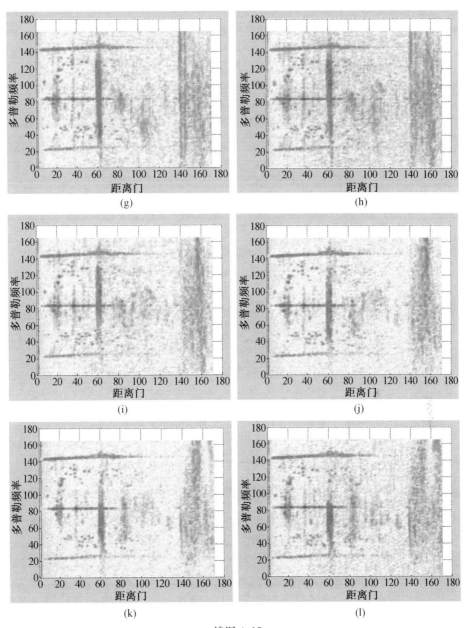

续图 4.15

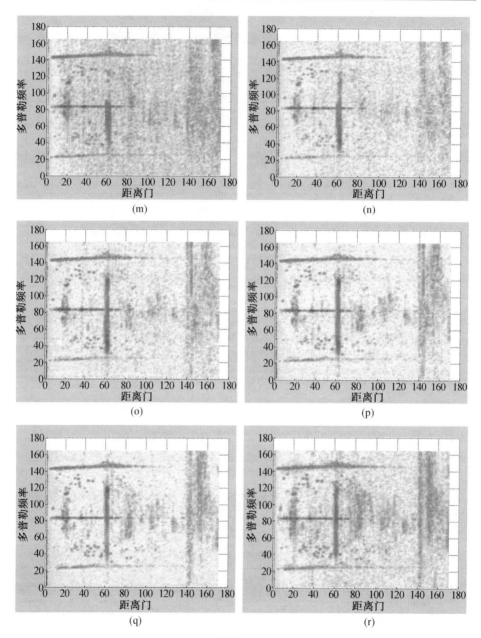

(m)

(n)

(o)

(p)

(q)

(r)

续图 4.15

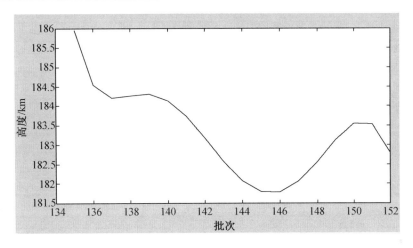

图 4.16　电离层高度估计结果

4.3.3　可靠性分析

对一个参数进行估计,不仅要给出估计值,还要给出估计值的误差,以反映估计值的准确程度。通常来说,误差的估计是要根据某一变量的概率密度分布来计算相应的标准差。本节以图像分割之后的结果作为电离层的能量分布,本身是一种条件分布,但利用其计算方差并不适合。这是因为当电离层活动增强时,照射到电离层的电波更容易建立斜向传播路径,因此垂直方向电磁波回波能量减弱,对应的回波区域面积减小,从而造成方差减小。但是当电离层活动增强时,电离层探测精度应该是降低的。因此利用方差来衡量虚高估计的可靠性并不合理。

为了解决这个问题,本书选取垂直回波区域占据参考回波区域面积之比作为衡量高度估计的可靠性。当垂直回波区域占据参考回波区域面积时,上述比值为 1,说明此时高度估计的结果非常可靠。当垂直回波区域不占据参考回波区域面积时,此比值为 0,说明此时的高度估计完全不可靠。当垂直回波区域占据部分参考回波区域面积时,比值在 0 至 1 之间,比值越大越可靠。

利用此比值来计算全部 18 批次数据的面积比值,得到的结果如图 4.17 所示。

可以看出,垂直回波区域面积与参考区域总面积的比值可以很好地反映电离层虚高估计的可靠性。比如,第 152 号批次数据的距离 — 多普勒谱图的垂直方向回波能量较小,而非垂直方向能量较大,这些斜向的能量是电离层虚高估计的不确定因素。与之相反,第 135 号批次数据垂直方向回波能量分布十分集中。

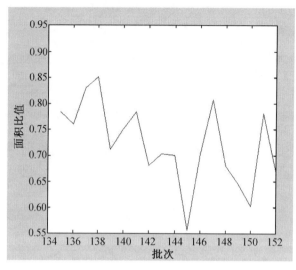

图 4.17　全部 18 个批次的可靠性验证

而从垂直回波区域面积与参考区域总面积的比值结果图中,也可以看到 152 号批次数据的比值要比 135 号批次数据的比值低。因此,采用垂直回波区域面积与参考区域总面积的比值作为衡量可靠性的变量是合理的。

最后,为检验本书中电离层高度估计结果,我们利用国际电离层参考模型 IRI－2012 来进行对比。图 4.18 为 2010 年 4 月 29 日 15:04 我国某高频地波雷达站上空的国际电离层参考模型的电离层电子密度分布图。横轴为电离层高度,单位 km;纵轴为电离层电子密度,单位为 m^{-3}。

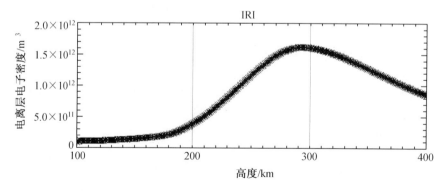

图 4.18　2010 年 4 月 29 日 15:04 我国某地国际电离层参考模型电子密度分布

电波的实际反射高度只与电离层电子密度分布有关,对于 3.7 MHz 的电磁波而言,其实际反射点在电子密度为 2×10^{11} m^{-3} 处,即 150 km 附近发生发射。此时对应的电离层虚高为 190 km,可见利用 IRI－2012 模型得到的高度与估计的高度十分接近的。

图 4.19 为某高频地波雷达站上空,一天之内电离层电子密度峰值高度随时间的变化图。从图可见,其变化趋势与图 4.17 是非常类似的。这也侧面验证了本估计方法的可靠性。

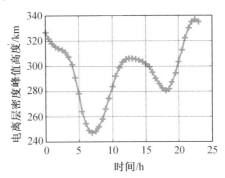

图 4.19 电离层电子密度峰值高度变化图

4.4 抛物型模型下 HFSWR 电离层实高估计

4.4.1 实高估计的理论推导

设 Δt 为回波时延,其包括从雷达到电离层下边沿的时间 Δt_0 和电波在电离层中的群时延 $\Delta t'$,则有

$$\Delta t = \Delta t_0 + \Delta t' = 2\left(\frac{h_0}{c} + \frac{L'}{c}\right) \tag{4.9}$$

式中　　h_0—— 电离层下边沿距离雷达的高度;

　　　　c—— 光速;

　　　　L'—— 电波在电离层中传播的群路径。

通常称 $h' = h_0 + L'$ 为反射虚高,$h' = \frac{1}{2}c\Delta t$。

为简单起见,本书中均忽略地磁场和碰撞频率。对于高频波在电离层中传播的问题,一般使用几何光学近似来求解,此时有

$$h'(f) = h_0 + \int_{h_0}^{h_m} \frac{c}{u} \mathrm{d}h = h_0 + \int_{h_0}^{h_m} \frac{1}{n} \mathrm{d}h \tag{4.10}$$

式中　　u—— 波的群速,即高频振荡波在电离层中的传播速度;

　　　　h_m—— 真实发生全反射的高度,其与高频地波雷达发射频率 f(单位:

　　　　　　　Hz) 发生全反射时的最大电子密度 N_m 相对应;

n—— 折射指数

$$n^2 = 1 - X = 1 - \frac{4\pi N(h)e^2}{m\omega^2} = 1 - \frac{80.8N(h)}{f^2} \quad (4.11)$$

式中　m—— 电子质量；

　　　e—— 电子电荷；

　　　$N(h)$—— 高度为 h 处每立方米电子密度；

　　　ω—— 入射电波角频率，$\omega = 2\pi f$。

高频雷达是以固定频率发生电磁波，当电波进入电离层后，电子密度逐渐增大，n 逐渐减小，在 h_m 处，$n = 0$，此时

$$f^2 = f_0^2 = 80.8N_m \quad (4.12)$$

式中　f_0—— 临界频率。

将式(4.11)代入式(4.10)得到

$$h'(f) = h_0 + \int_{h_0}^{h_m} \frac{1}{\sqrt{1 - \dfrac{80.8N(h)}{f^2}}} dh \quad (4.13)$$

假设电子密度 $N(h)$ 与高度 h 服从抛物关系，即

$$N(h) = \left[1 - \left(\frac{h_m - h}{h_m - h_0}\right)^2\right]N_m \quad (4.14)$$

将式(4.14)代入式(4.13)化简后得到

$$h'(f) = h_0 + \frac{h_m - h_0}{2}\frac{f}{f_0}\ln\frac{f_0 + f}{f_0 - f} \quad (4.15)$$

电波在 h_m 处发生全反射，则 $f = f_0$，此时 $h' \to \infty$，这是不成立的。原因是几何光学近似在反射区域不适用。此时由波动法求解可知，当 $n \to 0$ 时，群路径 L' 趋于一有限的极值。所以取 $f = 0.97f_0$ 来近似求解，代入式(4.15)得

$$h_m = \frac{h' + h_0}{2} \quad (4.16)$$

因此，对于高频地波雷达，真实反射高度是在电离层下边沿和虚高的中点处。

4.4.2　实验验证

本书通过不同频率的回波进行观测。实验条件如下：

地点：威海，东经 122.1°，北纬 37.5°；

信号波形：FMPCW；

雷达工作频率：5 MHz；

工作带宽：30 kHz；

发射天线:二元八木天线;

接收天线:八元线阵;

观测时间:2014 年 09 月 21 日 14 时 28 分。

已知 $h_0=225$ km,$h'=250$ km,则 $h_m=237.5$ km,$N_m=2.7\times10^{11}$ m^{-3}。图 4.20 是本书反演的线性、抛物线型电子密度剖面图及与 IRI-2012 模型的对比图。

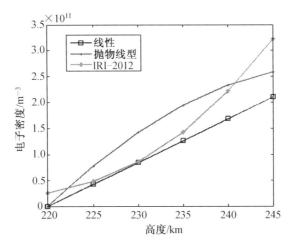

图 4.20　线性、抛物线型及 IRI-2012 对照图($f=4.7$ MHz)

从对比结果看,本书反演的结果和 IRI-2012 模型在起始阶段有一定的差异。从实测数据看,当时电波开始折射的距离(电离层下边沿)在 220 km 处,此处的电子密度为 0,而 IRI-2012 模型在 220 km 附近的电子密度并不为 0。在全反射高度 225~240 km 处,三种方法估计结果几乎一致。图 4.21 是 IRI-2012 模型在整个下电离层的分布,可见在 IRI-2012 模型中,从 180 km 之后,电子密度就不断上升。这是二者反演估计结果误差的主要因素。

图 4.22、图 4.23 分别是 $f=6.5$ MHz 和 $f=8.1$ MHz 时的观测结果。

从图 4.22 中可以看到,275 km 之前,反演结果与 IRI-2012 模型大致符合。只有在全反射点附近,IRI 高度估计与线性模型下高度估计值比较接近,而与抛物线模型下估计值相差较大。

从图 4.23 中可以看到,雷达工作频率为 8.1 MHz 时,也同样具有类似结论,只是此时三者估计值之间的偏差均被放大。

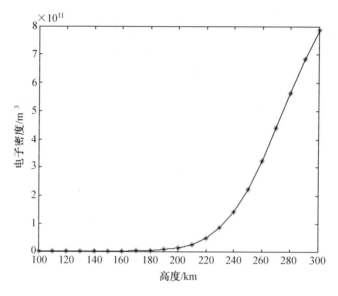

图 4.21　IRI－2012 在 300 km 以下的分布(2014 年 9 月 21 日 14:28)

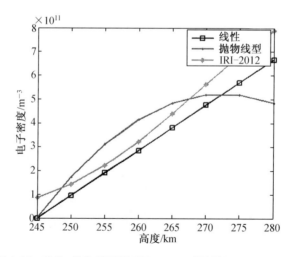

图 4.22　线性、抛物线型及 IRI－2012 对照图(f＝6.5 MHz)

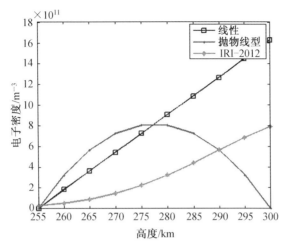

图 4.23　线性、抛物线型及 IRI－2012 对照图(f＝8.1 MHz)

4.5　F_2 层临界频率估计

本节通过建立 F_2 层垂直向回波能量与发射频率的关系模型,即用最小二乘法建立模型,对 F_2 层临界频率进行估计。之后,结合国际参考电离层 IRI－2012 模型,计算本书所得 F_2 层临界频率值的相对误差和绝对误差,并分析误差原因,判断本书方法的可行性。

4.5.1　最小二乘法估计 F_2 层临界频率

在使用前面的方法提取出 F_2 层能量后,接下来就用这些数据建立 F_2 层电离层回波杂波能量与发射频率之间的模型。本节使用最小二乘法进行曲线拟合,得出能量与频率之间的曲线关系。

下面分别用最小二乘法中的二次多项式和三次多项式拟合 4.3 节中的三组实测数据[2],结果如图 4.24 所示。

从图 4.24 可见,不论二次拟合还是三次拟合,拟合结果均与原始数据比较接近,这说明最小二乘法估计具有一定的正确性。

4.5.2　实验结果及验证

为了验证准确性,选取国际电离层 IRI－2012 模型作为参考依据。IRI－2012 模型是全球最通用的模型,它是经多年实测数据以及经验建立起来的,实用性最强。它标示出了不同经纬度、不同时刻的全球电离层 F_2 层的临界频率值。这里使用了 2 个不同时间的数据进行验证。

(1)经查得知,在 2014 年 5 月 22 日上午 10 时左右,IRI－2012 模型给出的

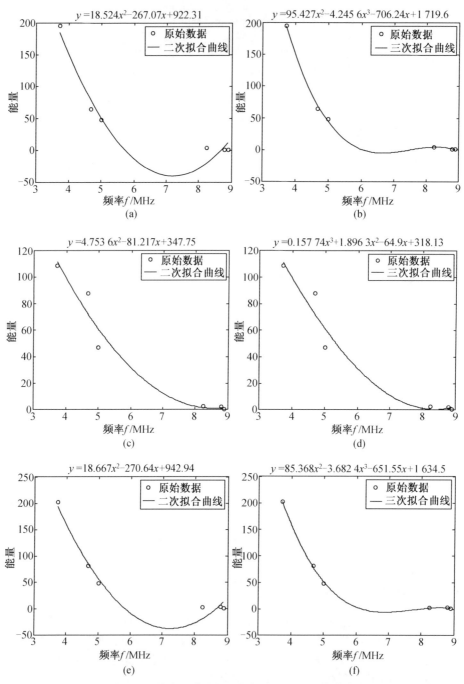

图 4.24　最小二乘法的二次拟合和三次拟合曲线

临界频率值为 8.8 MHz。使用最小二乘法对高频地波雷达数据进行拟合得到的 6 个临界频率值分别为 9.1 MHz、9.1 MHz、8.9 MHz、8.9 MHz、8.9 MHz、9.0 MHz，依次计算它们的标准误差和绝对误差，如表 4.1 所示。

表 4.1　2014 年 5 月 22 日数据的 F_2 层临界频率误差表

项目	第一组二次拟合	第一组三次拟合	第二组二次拟合	第二组三次拟合	第三组二次拟合	第三组三次拟合
相对误差	0.3	0.3	0.1	0.1	0.1	0.2
绝对误差	0.03	0.03	0.01	0.01	0.01	0.02

从表 4.1 中可以看出，二次拟合和三次拟合的效果都很好，这 6 组值的相对误差都在 0.3 MHz 以内，绝对误差在 3% 以内。这说明本书的方法是可行的，而且准确率很高。

（2）经查得知，在 2010 年 4 月 29 日 15:30，国际电离层 IRI－2012 模型给出的临界频率值为 10.4 MHz。使用最小二乘法对高频地波雷达数据进行拟合得到的 6 个临界频率值分别为 8.7 MHz、8.9 MHz、8.6 MHz、8.4 MHz、8.7 MHz、9.1 MHz，依次计算它们的标准误差和绝对误差，如表 4.2 所示。

表 4.2　2014 年 5 月 22 日数据的 F_2 层临界频率误差表

项目	第一组二次拟合	第一组三次拟合	第二组二次拟合	第二组三次拟合	第三组二次拟合	第三组三次拟合
相对误差	1.7	1.5	1.8	2.0	1.7	1.3
绝对误差	0.16	0.14	0.17	0.19	0.16	0.12

从表 4.2 中可以看出，这组数据的相对误差和绝对误差均偏大，不论二次拟合还是三次拟合得到的临界频率值都比 IRI－2012 模型要小，这说明本次实验中，雷达接收到的电离层回波能量较弱。通过最小二乘法估计得到的 6 个临界频率值绝对误差都高于 10%，最高的达到 19%，最低的为 12%。

由上面 12 组实测数据的 F_2 层临界频率估计值，以及 IRI－2012 模型的对照分析可知，绝对误差均在 20% 以内，而且第一组数据的误差都在 5% 以内，这充分说明了本方法的可靠性。

本章参考文献

[1] 于洋. 高频地波雷达电离层高度信息获取研究[D]. 哈尔滨：哈尔滨工业大学，2013:57-54.

[2] 姜国俊. 基于高频雷达的电离层 F_2 层临界频率估计研究[D]. 哈尔滨：哈尔滨工业大学，2014：33-42.

第 5 章　高频地波雷达电离层方程建模及参数反演

5.1　概　　述

雷达距离方程是雷达工作参数、传播路径与目标特征之间最基础的数学关系。与常规目标检测的点目标不同,电离层应当视为类似于气象目标的分布式面目标或体目标。面目标 RCS 与雷达俯仰波束宽度、入射角、探测距离、距离分辨率及 RCS 散射系数等有关;体目标 RCS 还与水平波束宽度有关。另外,还要考虑电离层引起的传播路径衰减及电离层 RCS 散射系数。因此 HFSWR 电离层回波对应的雷达探测距离方程与常规距离方程有很大不同。如同海杂波对应海面散射系数与风场、浪高、海流等有关,电离层 RCS 散射系数也与电子密度平均波动、不规则体运动等电离层物理机制相关。因此将电离层散射系数假设为纯粹的概率分布可能并不适合。

本章基于前人已有的 HFSWR 电离层回波模型中的相干散射机理,对电离层 RCS 散射系数进行估计,推导出二维面散射和三维体散射下电离层 RCS 表达式,由此完善了 HFSWR 雷达电离层广义距离探测方程。并且在抛物模型下对相干散射的等离子不规则体空间位置分布进行仿真。最后结合雷达实测数据,在近似条件下对垂直方向传播路径的不规则体电子密度、等离子体频率和漂移速度进行了估计反演,并与 IRI-2016 模型进行比对分析。

对于斜射传播路径情况,基于 L 阵的二维 DOA 方法对电离层来向进行估计,然后利用二维自适应阈值分割方法,从 R-D 图中提取出电离层回波,并建立回波能量与电离层 RCS 之间关系模型,通过公式推导,得出雷达方程中回波强度与电子密度的关系式。再利用不同的距离门信息作为变量,得到不同距离门上电子密度信息。与 IRI-2016 统计模型对比表明,高频地波雷达的电离层信息探测的途径具有一定的可信度。最后,通过已经得到的电子密度信息反演出整个区域的电子密度信息以及等离子体频率,为后续对电离层信息进行深度探究打下基础。

5.2　高频地波雷达电离层探测方程推导

5.2.1　面散射下电离层探测方程推导

经典的单基地 HFSWR 距离探测方程可表示为[1]

$$P_r = \frac{P_t G_t G_r \lambda^2 \gamma \sigma}{(4\pi)^3 R^4 P_n L_s L_p} \tag{5.1}$$

式中　P_r —— 雷达接收功率；

　　　P_t —— 雷达发射功率；

　　　G_t —— 雷达发射增益；

　　　G_r —— 接收天线增益；

　　　γ —— 信号占空比；

　　　σ —— 电离层有效散射截面积；

　　　R —— 雷达与电离层的距离，即电离层虚高；

　　　P_n —— 噪声功率；

　　　L_s —— 雷达系统损耗；

　　　L_p —— 信号在电离层中的传播损耗。

不同于用于目标检测的雷达方程，此处重点研究电离层 RCS，因此没有考虑信噪比。电离层回波距离方程与点目标距离方程不同之处在于电离层中的传播损耗 L_p 与电离层 RCS 参数 σ。因此下文对此分开讨论。

（1）高频电波在电离层传播路径中的损耗。

一般在中纬地区，HF 电波在电离层介质中的传播损耗主要包括自由空间衰减 A_R、电离层吸收衰减 A_{ie} 和附加衰减 A_z 等。自由空间衰减已包括在式(5.1)中。工程上实用的高频电波在 F 层传播的衰减可表示[2] 为

$$L_p = 2A_{ie} + A_z \tag{5.2}$$

HF 电波在电离层吸收衰减 A_{ie} 是由垂直入射时的经验公式计算得到

$$A_{ie} = \frac{677.2 I \sec i_{100}}{(f + f_H)^{1.98} + 10.2} \tag{5.3}$$

式中　I —— 吸收指数，表达式为 $(1+0.003\,7R_{12})[\cos(0.88\chi)]^{1.3}$，其中 R_{12} 为过去 12 个月太阳黑子数流动平均值；χ 为所在地太阳天顶角；

　　　f —— 雷达工作频率；

　　　f_H —— 所在地磁旋频率；

i_{100}——电波垂直入射时,对 HF 电波在 F_2 层传播时,取高度为 100 km 的值。

$$i_{100} = \arcsin(0.985\cos\varphi) \qquad (5.4)$$

式中 φ——发射电波仰角。

可见当雷达工作频率固定时,电离层吸收 A_{ie} 仅与电磁波入射仰角 φ 有关。

另外实际电波传播衰减还受到沿途传播条件的影响(如极化耦合、电子密度不均匀等),因此还应增加一项附加衰减 A_z,一般 $A_z = 9.9$ dB。

(2) 电离层 RCS 估计。

不同于目标的点散射,电离层回波需要建模为面散射或体散射的分布式散射体。首先考虑电离层散射表面为类似于海面的平面分布情形,按照电离层回波对应的散射体的距离范围受俯仰波束限制(Beam − limited)和脉冲限制(Pulse − limited),分为两种情况进行讨论。

受波束限制情形如图 5.1(a) 所示,对于雷达波束照射范围内的电离层散射表面,垂直距离的宽度近似为 $R_0\varphi_3$,其中 R_0 为电离层散射中心到雷达的距离,φ_3 为俯仰波束 3 dB 宽度。则波束照射的电离层宽度为 $R_0\varphi_3/\cos\theta$,其中 θ 为视线矢量与垂直向夹角。

受脉冲限制情形如图 5.1(b) 所示,不考虑波束宽度情况下,对于距离分辨率为 ΔR 的脉冲照射电离层情况,电离层回波对应的散射体范围为距离分辨单元内的散射体分布宽度,其值为 $\Delta R/\sin\theta$。

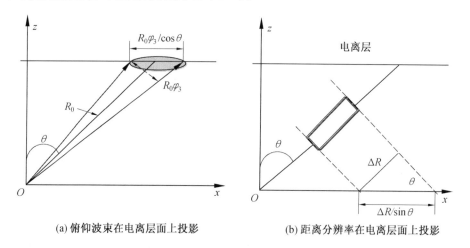

(a) 俯仰波束在电离层面上投影   (b) 距离分辨率在电离层面上投影

图 5.1 电离层面散射几何图

电离层散射有效宽度是投影到电离层上的距离分辨率和俯仰波束宽度中较小值,因此取决于电离层距离、雷达距离分辨率以及俯仰角。其判断依据为:

波束限制

$$\varphi_3 \tan \theta < \frac{\Delta R}{R_0} \tag{5.5}$$

脉冲限制

$$\varphi_3 \tan \theta > \frac{\Delta R}{R_0} \tag{5.6}$$

在电离层面散射模型中,总的电离层 RCS 全部源自距离 R_0 处表面散射,分辨单元非表面部分不产生散射,于是 RCS 微元正比于电离层散射表面积的微元 $\mathrm{d}A$,即

$$\mathrm{d}\sigma_i = \delta(R - R_0)\sigma_2 \mathrm{d}A \tag{5.7}$$

式中　σ_2——电离层单位面积 RCS 散射率,无量纲。

于是面散射下高频地波雷达电离层距离方程为

$$P_r = \frac{P_t \lambda^2 \gamma \sigma_2}{(4\pi)^3 R_0^4 P_n L_s L_p(R_0)} \int_{\Delta A(R_0, \theta, \varphi)} p_t(\theta, \varphi) p_r(\theta, \varphi) \mathrm{d}A \tag{5.8}$$

式中　$p_t(\theta, \varphi)$——发射天线在 (θ, φ) 处方向系数,$p_t(0, 0) = G_t$;

　　　$p_r(\theta, \varphi)$——接收天线在 (θ, φ) 处方向系数,$p_r(0, 0) = G_r$。

如果电离层照射区域是受波束限制的,则任意时刻对于距离 R_0 处后向散射贡献的有效面积为 $R^2 \theta_3 \varphi_3 / \cos \theta$,于是微分面积单元为

$$\mathrm{d}A = R_0^2 \mathrm{d}\theta \mathrm{d}\varphi / \cos \theta \tag{5.9}$$

使用天线 3 dB 波束宽度增益为常数的近似,就可得波束限制下电离层回波面散射的距离方程为

$$P_r = \frac{P_t G_t G_r \lambda^2 \gamma \theta_3 \varphi_3}{(4\pi)^3 R_0^2 P_n L_s L_p(R_0) \cos \theta} \sigma_2 \tag{5.10}$$

如果电离层照射面积是受脉冲限制,则任意时刻对后向散射有贡献的有效面积为 $R\theta_3 \Delta R / \sin \theta$,于是可得脉冲限制下电离层回波面散射距离方程为

$$P_r = \frac{P_t G_t G_r \lambda^2 \gamma \Delta R}{(4\pi)^3 R_0^3 P_n L_s L_p(R_0) \sin \theta} \sigma_2 \tag{5.11}$$

5.2.2　体散射下电离层探测方程推导

对于电离层这种类似于气象现象的散射体,可以看作三维立体的分布式散射来建模处理。现在考虑位于球面坐标 (R, θ, φ) 处的一个体积微元 $\mathrm{d}V$ 的散射,令该体积微元的 RCS 微元为 $\mathrm{d}\sigma$,则 $\mathrm{d}V$ 对应的后向散射功率微元为

$$\mathrm{d}P_v(\theta, \varphi) = \frac{P_t P_t(\theta, \varphi) \mathrm{d}\sigma(R, \theta, \varphi)}{4\pi R^2} \tag{5.12}$$

假设雷达天线的有效孔径面积为 A_e,于是 $\mathrm{d}V$ 对应的接收功率微元为

$$dP_r(\theta,\varphi)=\frac{P_t P_t(\theta,\varphi)\,d\sigma(R,\theta,\varphi)}{4\pi R^2}A_e \qquad (5.13)$$

将接收功率微元在全空间积分,就得到了总接收功率。由于接收端信号主要包含的是一个分辨单元体积内的散射,因此有如下三维电离层体散射下的雷达距离方程为

$$P_r=\frac{P_t\lambda^2\gamma}{(4\pi)^3 L_s}\int_{\Delta V(R,\theta,\varphi)}\frac{p_t(\theta,\varphi)p_r(\theta,\varphi)}{R^4 L_p(R)}\,d\sigma(R,\theta,\varphi) \qquad (5.14)$$

式中　$\Delta V(R,\theta,\varphi)$ —— 坐标(R,θ,φ)处分辨单元的体积。

假设分辨单元内的电离层 RCS 是由空间均匀分布的散射体产生,定义单位体积微元的散射率为σ_3,单位 m^{-1},则单个体积微元 dV 的 RCS 微元为

$$d\sigma=\sigma_3 dV=\sigma_3 R^2 dRd\Omega \qquad (5.15)$$

式中　$d\Omega$ —— 坐标(R,θ,φ)处立体角微元。

假设电离层衰减在单个距离分辨单元内的范围内为常数,于是有 $L_p(R)=L_p(R_0)$。一般 HFSWR 距离分辨率小于电离层绝对距离,于是有

$$\int_{R_0-\frac{\Delta R}{2}}^{R_0+\frac{\Delta R}{2}}\left(\frac{dR}{R^2}\right)=\frac{\Delta R}{R_0^2-\left(\frac{\Delta R}{2}\right)^2}\approx\frac{\Delta R}{R_0^2} \qquad (5.16)$$

将式(5.14)、式(5.15)代入式(5.13)可得到

$$P_r=\frac{P_t\lambda^2\gamma\Delta R\sigma_3}{(4\pi)^3 R_0^2 L_s L_p(R_0)}\int_{\Delta\Omega}p_t(\theta,\varphi)p_r(\theta,\varphi)\,d\Omega \qquad (5.17)$$

立体角积分需要知道收发天线的空间方向图分布。假设收发天线方向图一致,且天线主瓣近似为高斯函数,天线功率方向图在 3 dB 波束宽度内为常数 G,其他地方均为 0,则有如下近似

$$\int_{\Delta\Omega}p_t(\theta,\varphi)p_r(\theta,\varphi)\,d\Omega\approx\frac{\pi\theta_3\varphi_3}{8\ln 2}\approx\theta_3\varphi_3 G^2 \qquad (5.18)$$

最终,就得到了体散射下电离层回波的距离方程表达式为

$$P_r=\frac{P_t\lambda^2 G_t G_r\gamma\Delta R\theta_3\varphi_3}{(4\pi)^3 R_0^2 L_s L_p(R_0)}\sigma_3 \qquad (5.19)$$

可见电离层体散射回波功率随距离 R^2 衰减,面散射下回波功率随 R^2 或 R^3 衰减,而目标随 R^4 衰减,因此即使不考虑电离层 RCS,同等距离下电离层回波强度也远大于目标回波。

5.2.3　电离层反射系数估计及参数估计

上面推导出了面散射和体散射的 HFSWR 电离层回波探测方程,可见电离层与目标模型的关键不同之处在于单位 RCS 散射系数,即面散射率σ_2、体散射

率 σ_3。面散射为体散射的特殊情形,因此下面主要考虑体散射情况。估计电离层 RCS 散射系数需要考虑电离层不规则体的物理机制,因此下面借鉴 HF 电波与不规则体之间的相干散射机理,对电离层 RCS 散射系数进行理论建模分析。

按照相干散射理论,HF 雷达电离层后向散射回波是由雷达波束所照射的电离层有效散射体积(Effective Scatter Volume,ESV)中大量不规则体的回波叠加而成。该理论最初由 Booker 提出[3],由动量守恒定律,雷达入射波矢 $\boldsymbol{k}_i$,散射波矢 $\boldsymbol{k}_s$ 及电离层介质波矢 $\boldsymbol{k}_{med}$ 满足

$$\boldsymbol{k}_{med} = \boldsymbol{k}_i + \boldsymbol{k}_s \tag{5.20}$$

由于 $|\boldsymbol{k}_i| = |\boldsymbol{k}_s| = 2\pi/\lambda_{radar}$,$|\boldsymbol{k}_{med}| = 2\pi/\lambda_{irr}$,遵循 Bragg 散射条件

$$\lambda_{radar} = 2\lambda_{irr}\sin(\theta_s/2) \tag{5.21}$$

式中　λ_{irr}—— 电离层不规则体波长;

θ_s——$\boldsymbol{k}_i$ 与 $\boldsymbol{k}_s$ 之间的散射角。

对于单基地雷达后向散射情形,$\theta_s = 180°$,于是有

$$\lambda_{irr} = \lambda_{radar}/2 \tag{5.22}$$

这意味着电离层回波的主要贡献源自空间波长为雷达波长一半、波动方向沿雷达波束指向的电离层不规则体。满足这两个条件的不规则体会与 HF 电磁波产生强烈的相干散射,从而产生高强度后向散射电离层回波。

按照 HF 雷达波长在 10 ~ 100 m 计算,则与其发生相干散射的电离层不规则体波长在 5 ~ 50 m 之间。这意味着 HFSWR 可以观测到尺度为 5 ~ 50 m 之间的不规则体。不规则体沿着地磁线 $\boldsymbol{B}$ 方向排列,其沿着地磁线方向的漂移速度远高于垂直于地磁线方向的速度。定义视界角(Aspect angle)α 为入射波矢 $\boldsymbol{k}_i$ 与地磁线 $\boldsymbol{B}$ 夹角的余角。当 $\alpha = 0°$ 时,雷达波矢指向与地磁线垂直,此时电离层回波功率最大。一般来说,不规则体引起的电离层回波主要来自 $\boldsymbol{k}_i \perp \boldsymbol{B}$ 区域,这就是视界角条件。如图 5.2 所示。

Schlegel[4] 给出了电离层体散射系数的表达式,σ_3 是众多变量的函数:

$$\sigma_3 = f(k, v_d, \varphi, \alpha, L, \omega_e, \omega_i, \Delta N_e^2, N_e^2) \tag{5.23}$$

式中　k—— 雷达波数;

v_d—— 不规则体漂移速度;

φ—— 流动角(Flow angle),$\boldsymbol{k}$ 与 $\boldsymbol{v}_d$ 的夹角;

L—— 不规则体尺度长度;

ω_e, ω_i—— 电子与离子振荡频率;

ΔN_e^2—— 电子密度波动方差。

Walker[5] 对三种常见相干散射雷达进行了研究,其中宽波束、低载频类的 Goose Bay HF radar 与 HFSWR 天线系统接近,由于 HF 波段载频低,天线尺度

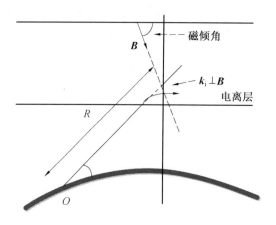

图 5.2　电离层相干散射几何图

大,俯仰波束宽,因此会照射到大量满足视界角条件的电离层不规则体。HF 段电离层体 RCS 体散射系数可表示为

$$\sigma_3 = r_e^2 \langle \Delta N_e^2 \rangle \varphi_3 \frac{\pi}{k} P_2(2k,0) \tag{5.24}$$

$$P_2(2k,0) = \pi C_r q(\gamma) k^{-n} \begin{cases} (n/2-1)(2\lambda_{out})^{2-n}, & n > 2 \\ 2\ln(\lambda_{out}/\lambda_{in}), & n = 2 \\ (1-n/2)(2\lambda_{in})^{2-n}, & n < 2 \end{cases} \tag{5.25}$$

$$q(\gamma) = \begin{cases} \exp(-\beta|\gamma-\gamma_0|), & |\gamma-\gamma_0| \leqslant \pi/2 \\ \exp(-\beta|\gamma-\gamma_0|-\pi), & |\gamma-\gamma_0| \leqslant \pi/2 \end{cases} \tag{5.26}$$

式中　　C_r—— 归一化常数;

　　　　λ_{out}—— 不规则体"外尺度"波长;

　　　　λ_{in}—— 不规则体"内尺度"波长;

　　　　$q(\gamma)$—— 角函数,$\beta=0$ 可取为 C_γ^{-1}。

　　根据 n 的不同,电离层反射系数谱随 k^{-n} 衰减。据观测 $n=3$ 时与实际不规则体 RCS 较为相符,此时

$$\sigma_3 = r_e^2 \langle \Delta N_e^2 \rangle \varphi_3 \frac{\pi^2}{4\lambda_{out} k^4} \tag{5.27}$$

　　可见电离层 RCS 散射系数与雷达波长成正比,故低频较高频时的电离层散射系数更大,这与实际 HFSWR 观测结果一致;与电子密度起伏均值、俯仰波束宽度成正比,与不规则体外尺度波长成反比。

　　此处采用 Booker 和 Walker 的简化模型[6]

$$\sigma_3 \propto \langle \Delta N_e^2 \rangle \exp(-2k^2[l_{\parallel}^2 \alpha^2 + l_{\perp}^2]) \tag{5.28}$$

式中　　$l_{\perp}$—— 不规则体尺度垂直于地磁场方向的分量,$l_{\perp}=\lambda_{radar}/2$;

$l_{\parallel}$——不规则体尺度平行于地磁场方向的分量,其范围为 $800l_{\perp}<l_{\parallel}<2\,250l_{\perp}$。

如果假设不规则体波动方差均值与电子密度呈线性关系,即

$$\langle \Delta N_{\mathrm{e}}^2 \rangle = C_0 N_{\mathrm{e}}^2 \tag{5.29}$$

式中　C_0——不规则体波动程度系数。

并且只考虑 $\alpha = 0°$ 时,则电离层反射系数可近似为

$$\sigma_3 = C_0 \mathrm{e}^{-2\pi^2} N_{\mathrm{e}}^2 \tag{5.30}$$

于是体散射下电离层回波功率谱可表示为

$$P_{\mathrm{r}} = \frac{P_{\mathrm{t}} \lambda^2 G_{\mathrm{t}} G_{\mathrm{r}} \gamma \Delta R \theta_3 \varphi_3}{(4\pi)^3 R_0^2 L_{\mathrm{s}} L_{\mathrm{p}}(R_0)} C_0 \mathrm{e}^{-2\pi^2} N_{\mathrm{e}}^2 \tag{5.31}$$

若已知雷达回波功率谱,则可估计出对应距离单元的电子密度为

$$N_{\mathrm{e}} = \sqrt{\frac{(4\pi)^3 P_{\mathrm{r}} R_0^2 L_{\mathrm{s}} L_{\mathrm{p}}(R_0)}{C_0 \mathrm{e}^{-2\pi^2} P_{\mathrm{t}} \lambda^2 G_{\mathrm{t}} G_{\mathrm{r}} \Delta R \theta_3 \varphi_3}} \tag{5.32}$$

根据 Appleton－Hartree 公式,相应的等离子体频率可以表示为

$$f_{\mathrm{p}} \simeq \sqrt{80.6 N_{\mathrm{e}}} \tag{5.33}$$

5.3　电离层回波模型仿真分析

5.3.1　电离层探测方程仿真分析

第 2 章中对 HFSWR 收发天线仿真可见,由于实际工程中地网、地物等影响,俯仰方向有不同宽度的波束。表 5.1 为本节中主要仿真参数。一般 HFSWR 系统距离分辨率为 5 km,电离层出现距离为 100～300 km 不等。图 5.3(a)为电离层距离为 100 km、200 km、300 km 时俯仰角 θ 与波束宽度 φ_3 的仿真图,当 θ 和 φ_3 在曲线下方时,面散射为波束限制,否则为脉冲限制。从图可见,随着波束宽度增加,俯仰角急速下降趋于 0,即垂直方向。这意味着如果天线波束较宽,则服从波束限制的电离层回波主要来自天顶方向,其他俯仰角来向均为脉冲限制。例如俯仰波束宽 10° 时,在俯仰角 0°～15° 内所有距离单元的电离层回波均服从波束限制,其他来向电离层回波服从脉冲限制。俯仰波束超过 15° 时,则在俯仰角 0°～10° 内所有距离单元的电离层回波均服从波束限制。图 5.3(b)为波束宽度为 10°、20°、30° 时电离层距离与俯仰角 θ 的仿真图,从图可见,随着电离层距离的增加,来自波束限制的电离层回波越来越集中在天顶方向,斜向回波大多属于脉冲限制。综上所述,由于 HFSWR 实际天线系统俯仰波束较宽,故理论上除在接近垂直方向的电离层回波外,其他斜向电离层回波大多属于脉冲限制。

表 5.1 电离层探测方程仿真参数

雷达频率 /MHz	占空比	天线增益	发射功率 /kW	电离层 距离/km	俯仰波束 宽度/(°)	方位波束 宽度/(°)	电子密度 波动/m⁻⁶
4.1	0.1	10^5	2	300	45	20	10^{18}

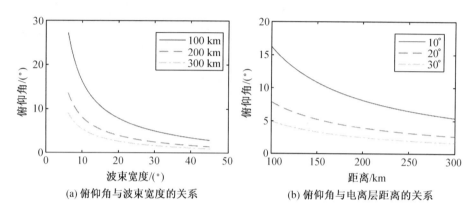

(a) 俯仰角与波束宽度的关系 　　　　(b) 俯仰角与电离层距离的关系

图 5.3 电离层面散射脉冲限制与波束限制分析

  图 5.4 为面散射下波束限制(垂直向)的电离层回波功率谱随俯仰角的仿真图,分别为随不同频率、不同电子密度波动,距离分辨率为 5 km。从图可见,低频、强电子密度波动下会产生更高功率的电离层回波。此外,通过式(5.10)可见电离层距离与接收功率为二次关系,水平俯仰波束宽度与接收功率也成正比,因此远距离、宽波束会导致电离层回波功率增加。而 HFSWR 恰好满足以上条件,因此常能接收到强烈、大范围分布的电离层回波。这些参数中又以电子密度波动对功率谱密度影响最大。

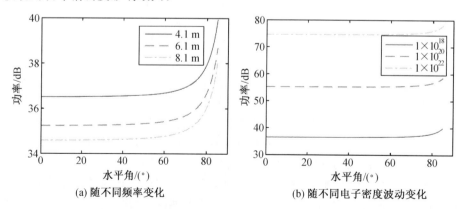

(a) 随不同频率变化 　　　　　　(b) 随不同电子密度波动变化

图 5.4 电离层面散射波束限制下垂直向回波谱与俯仰角分析

图 5.5 为面散射下脉冲限制（斜向）的电离层回波功率谱随俯仰角的仿真图，分别为随不同距离单元和不同电子密度波动。从图可见斜射时面散射下电离层回波功率随仰角增大而衰减，即天顶方向回波最强。图 5.5(a)说明近距离回波强于远距离回波，这是由方程(5.11)分母的 R_0^3 造成的。图 5.5(b)与图 5.4(b)类似，电子密度波动每升高一个数量级，电离层回波功率随之增加10 dB。

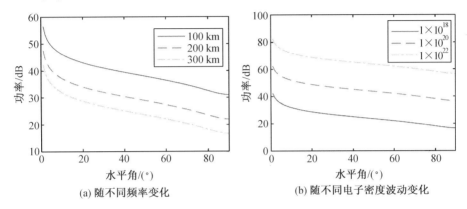

(a) 随不同频率变化   (b) 随不同电子密度波动变化

图 5.5 电离层面散射脉冲限制下斜向回波谱与俯仰角分析

图 5.6 为体散射下电离层回波功率谱随距离的仿真图，分别为随不同波束宽度、不同电子密度波动，距离分辨率为 5 km。从图可见电离层回波功率随距离增加而衰减，当(俯仰、水平)波束展宽时，回波功率随之增加；电子密度起伏增大时，电离层回波功率急剧增加。

通过以上面散射、体散射下的仿真发现，虽然电离层回波距离方程中参数众多，但对接收功率影响最显著的因素是电子密度波动方差。

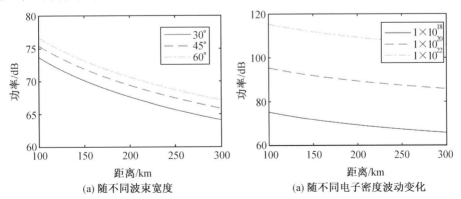

(a) 随不同波束宽度   (a) 随不同电子密度波动变化

图 5.6 电离层体散射回波谱分析

5.3.2　电离层回波空间分布特性仿真分析

下面对发生相干散射的电离层不规则体空间分布进行仿真分析[6]，即估计入射波矢 k_i 与地磁线 B 垂直（$\alpha=0°$）的空间位置，这必须要借助于电子密度剖面分布模型。我们假设电子密度服从抛物线分布，即折射指数 n 为

$$n = 1 - \frac{f_c^2}{f_0^2}\left(1 - \frac{z^2}{z_0^2}\right) \tag{5.34}$$

式中　　f_c——所在层的临界频率；

　　　　f_0——雷达工作频率；

　　　　z_0——电离层半厚度。

定义 $x=0$ 为射线进入电离层处，$z=0$ 为电子密度最大时的高度，则电离层中的射线路径可表示为

$$x = \int_{-z_0}^{z_p} \sin\theta_I / n(z)\cos[\theta(z)]\mathrm{d}z \tag{5.35}$$

式中　　$\theta(z)$——射线在电离层中的仰角（与 z 轴垂直方向），由 Snell 定理给出

$$n(z)\sin[\theta(z)] = \sin\theta_I \tag{5.36}$$

假设不规则体沿着地磁线方向排列，对 HF 具有后向散射的区域在于射线与地磁场垂直的方向，设在电离层 p 点处发生后向散射，则 $\theta_p = \alpha_I$。于是有

$$x_p = \frac{z_0 f_0}{f_c}\sin\theta_I \ln\left\{\frac{\dfrac{z_p}{z_0} + \sqrt{\left(\dfrac{f_0}{f_c}\cos\theta_I\right)^2 + \left(\dfrac{z_p}{z_0}\right)^2 - 1}}{\dfrac{f_0}{f_c}\cos\theta_I - 1}\right\} \tag{5.37}$$

电离层反射虚高 h 为

$$h = z_{max} - z_0 + x_p\cot\theta_I \tag{5.38}$$

式中　　z_{max}——电离层电子密度最大处高度。

考虑到地球曲率影响，起飞角 α（Take-off Angle，射线与水平面夹角，$\alpha = \frac{\pi}{2} - \theta_I$）与电离层距离 R 可表示为

$$\cos\alpha = \left(1 + \frac{h}{R_E}\right)\sin\theta_I \tag{5.39}$$

$$R = R_E\cos(\alpha + \theta_I)/\sin\theta_I \tag{5.40}$$

图 5.7 是对 E 层的射线起飞角、散射高度与雷达距离的仿真，分别为不同电离层厚度、不同雷达频率、不同电子密度峰值及不同磁倾角。默认雷达工作频率为 4.1 MHz，$N_{max} = 10^{11}$ m^{-3}，$z_{max} = 125$ km，$z_0 = 25$ km，地点为山东省威海市，磁倾角为 55°。由图 5.7(a)可见发生相干散射仰角主要在 35°～55°范围内，

随着不规则体厚度减小，雷达距离单元逐渐扩展，而俯仰角范围不变。由图 5.7(b)可见随着电离层厚度增加，反射高度随之增加，几乎在整个下电离层分布区域会产生回波，这可能是由该仰角的临界频率低于雷达频率所致。由图 5.7(c)、(d)可见低频较高频的俯仰角和高度分布更为扩展，电离层回波方向性更不明显。雷达同一距离单元的电离层回波可能来自高低不同仰角、不同高度，这表明多模路径的存在性。由图 5.7(e)、(f)可见，当电子密度波动剧烈时，电离层回波角度呈现更多来向。由图 5.7(g)可见，随着低纬向高纬变化，俯仰角与雷达距离单元均呈现展宽趋势。由图 5.7(f)可见对同一高度电离层，高纬雷达距离单元比低纬雷达距离单元更远，即低纬度雷达 RD 谱中近距离较高纬更容易出现电离层回波。

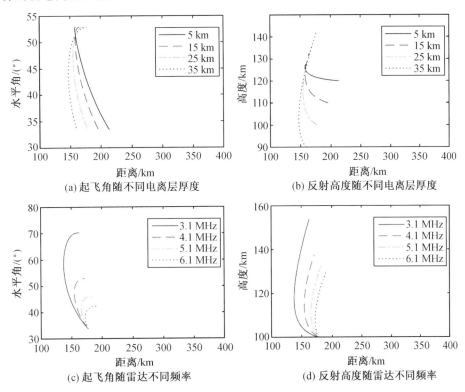

图 5.7　E 层雷达距离、起飞角与反射高度随不同参数变化分析

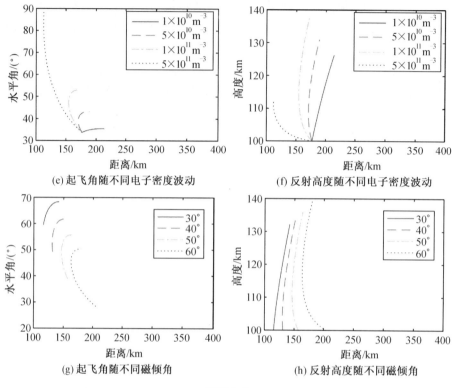

(e) 起飞角随不同电子密度波动 (f) 反射高度随不同电子密度波动

(g) 起飞角随不同磁倾角 (h) 反射高度随不同磁倾角

续图 5.7

图 5.8 是对 F 层的射线起飞角、散射高度与雷达距离的仿真,分别为不同电离层厚度、不同雷达频率、不同电子密度峰值及不同磁倾角。默认雷达工作频率为 4.1 MHz,$N_{max}=10^{12} \, m^{-3}$,$z_{max}=300 \, km$,$z_0=150 \, km$,地点为山东省威海市,磁倾角为 55°。由图 5.8(a)可见不论电离层厚度,各个俯仰角方向(30°~90°)均有回波;随着不规则体厚度减小,雷达距离单元呈现由近到远的趋势。由图 5.8(b)可见随着电离层厚度减小,反射高度随之抬高,并且呈现明显的分层结构,其空间位置大概在电离层下边沿,这可能是电子密度过高、临界频率大于雷达频率所致。由图 5.8(c)可见不同频率下各个俯仰角均有电离层回波,而且当雷达工作频率超过 6 MHz 时会出现高低仰角的多模路径传播。由图 5.8(d)可见随着雷达频率的增加,反射高度出现高低两条路径,尤其高路径在雷达距离域扩展明显。由图 5.8(e)可见随着电子密度增加,电离层回波在雷达距离域呈现由远到近趋势,而俯仰角仍然覆盖整个角度域。图 5.8(f)中电子密度为 $5×10^{12} \, m^{-3}$ 时,反射高度为 150 km,即电离层下边沿处。而随着电子密度减小,有上下两个高度传输的电离层回波,并且上高度回波在雷达距离域迅速扩展,最

多时到300 km。由图 5.8(g)可见随着低纬向高纬变化,俯仰角呈现由高到低、雷达距离单元呈现由近到远的扩展趋势。由图 5.8(f)可见雷达距离域在高纬比低纬更容易出现展宽。

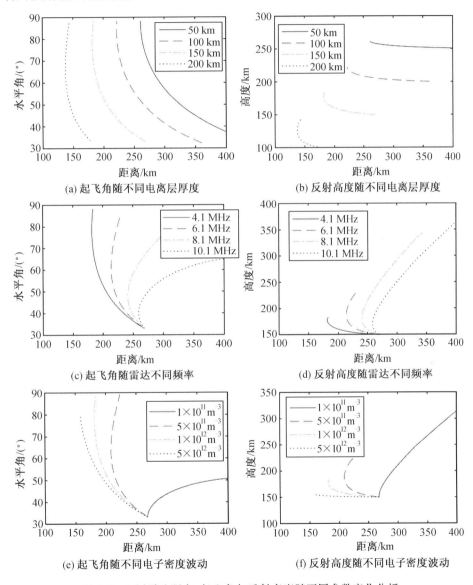

(a) 起飞角随不同电离层厚度

(b) 反射高度随不同电离层厚度

(c) 起飞角随雷达不同频率

(d) 反射高度随雷达不同频率

(e) 起飞角随不同电子密度波动

(f) 反射高度随不同电子密度波动

图 5.8　F 层雷达距离、起飞角与反射高度随不同参数变化分析

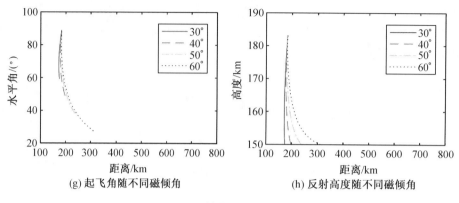

(g) 起飞角随不同磁倾角 　　　　　　(h) 反射高度不同磁倾角

续图 5.8

从以上仿真分析可见,HFSWR 电离层回波距离域分布特征由众多参数所决定,任一参数改变都会对电离层回波产生显著变化。电离层厚度与不规则体波动幅度属于不可控变量,而雷达工作频率可以选择。此外,还需要考虑雷达所在地的地磁分布,这是 HFSWR 电离层不规则体回波机理中最独特的因素。相同的 HFSWR 系统布置在不同地区,接收到的电离层回波可能有很大差异,即使同样的杂波抑制算法效果也会不同。

虽然理论上只需知道电离层半厚度、高度、峰值密度等参数,便可以准确地对 HFSWR 电离层回波空间分布。然而实际中无法实时诊断获取雷达覆盖范围内电离层环境参数,而 IRI 之类的模型外推预测往往精度不够,因此在工程中应用有限。如果能在 HFSWR 站附近建立实时更新的电离层环境诊断观测网,则可比较准确地估计出电离层不规则体的空间分布位置,进而通过设计恰当的空域滤波算法,对电离层杂波实现有效抑制,从而切实提升 HFSWR 系统的目标检测性能。

5.4　垂直向传播路径下电离层实测数据处理

本实验所用数据来自山东省威海市哈工大高频地波雷达实验站,磁倾角为 $55°$,发射天线为竖笼天线,发射信号为脉冲截断线性调频信号(FMPCW),接收天线为八根鞭状天线。雷达系统工作参数如表 5.2 所示。

表 5.2　高频地波雷达实测参数

相干累计周期/s	扫频周期/ms	脉冲重复周期/ms	发射功率/kW	调频带宽/kHz	距离分辨率/km
328	128	4	2	30	5

　　该实验中,雷达系统波束合成 7 个波束,指向依次为:−48°,−32°,−16°,0°,16°,32°,48°。图 5.9 为雷达工作频率为 5.5 MHz 时 4 个方向的 RD 谱,北京时间 2014 年 5 月 23 日 20 时 31 分,当地时间 20 时 41 分。从图中可以看出,电离层回波出现在 120 km、200 km 和 240 km,对应的 Doppler 频移范围分别为 $[-1,0]$Hz、$[-4,1]$Hz 和 $[-1,0]$Hz。120 km 处的电离层回波占据了少量距离单元,这可能来自 Es 层,因为 E 层通常在夜间消失。200 km 处的电离层回波可能来自扩展 F 层,因为占据了 8 个距离单元(40 km)以及大量的 Doppler 单元。240 km 处电离层回波可能来自 Es 层 2 跳,因为是 120 km 处 Es 回波距离的两倍,并且二者 Doppler 分布相似。

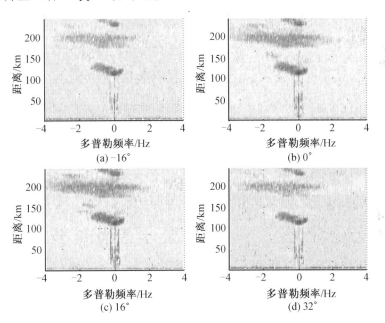

图 5.9　4 个方向的 RD 谱

　　图 5.10 是预处理之后的垂直向电离层回波三维图,z 轴为归一化后的回波功率幅值。可见 150 km 处的 Es 层回波强度最高,但由于其占据 Doppler 单元较少,因此总强度反而不如扩展 F 层回波总强度。Es 层与 F 层电离层回波的平均 Doppler 频移分别为 −0.48 Hz 和 −1.68 Hz,因此对应的不规则体漂移速度均值分别为 −13 m/s 和 −45 m/s。

　　本节分别对不同时刻、不同工作频率的多组 HFSWR 实测数据进行了处理。表 5.3 为利用电离层体散射式(5.33)、式(5.34)对 F 层电子密度与对应的等离子体频率的估计值,并与 IRI−2016 模型进行了比对。按时间顺序依次为

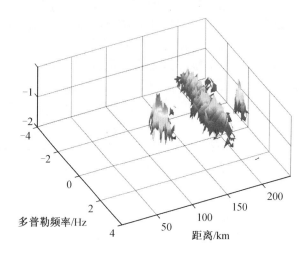

图 5.10　电离层垂直向回波三维图

2014 年 5 月 23 日晚间，24 日下午，25 日早晨。此外，F 层不规则体漂移速度是直接由 Doppler 偏移计算而来。图 5.11 为表 5.3 中的等离子体频率估计结果与 IRI－2016 模型的直观比对图。

表 5.3　实验结果与 IRI－2016 模型比对

时间	雷达频率 /MHz	电离层高度 /km	电子密度估计 /m⁻³	IRI－2016 估计 /m⁻³	等离子体频率估计 /MHz	IRI－2016 估计 /MHz	漂移速度估计 /(m·s⁻¹)
20:20	4.5	215	7.76×10^{11}	2.54×10^{10}	7.93	1.44	1.71
20:31	5.5	215	5.15×10^{11}	2.23×10^{10}	6.46	1.34	−45.68
20:41	6.5	225	1.35×10^{12}	4.15×10^{10}	10.44	1.83	−1.29
21:04	7.5	215	8.81×10^{11}	1.84×10^{10}	8.45	1.22	−5.00
15:32	4.7	185	9.27×10^{11}	3.07×10^{11}	8.67	4.98	1.65
15:41	5.6	200	7.34×10^{11}	4.19×10^{11}	7.71	5.83	5.43
15:52	6.4	220	6.87×10^{11}	5.97×10^{11}	7.46	6.96	9.10
9:44	4.7	160	1.89×10^{11}	2.95×10^{11}	3.92	4.89	15.45
10:03	6.5	185	7.07×10^{11}	4.02×10^{11}	7.57	5.71	4.34
10:14	8.1	215	3.22×10^{11}	5.86×10^{11}	5.11	6.89	−11.83

从图 5.11 可以看出，等离子体频率估计结果与 IRI 模型出现偏差最大的是

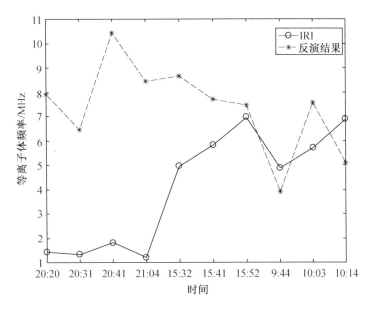

图 5.11　等离子体频率估计结果与 IRI－2016 比对

夜晚的估计,即 23 日 20:20～21:04。产生偏差的原因有二,一是 HFSWR 观测电离层结果与 IRI 模型在夜晚时常有出入。在 IRI－2016 模型中,夜晚 E 层消失,F 层合并抬高,200 km 以下几乎不存在对 HF 反射的电离层。然而实际 HFSWR 系统中,却常能观测到强烈扩展的电离层回波,持续时间甚至长达数小时。并且 IRI 模型只考虑背景电离层结构变化,没有考虑不规则体引起的随机变化以及突发 E 层等。其次,实验数据估计偏差可能由式(5.30)引起,即我们假设不规则体波动方差与电子密度呈线性关系。这样电离层 RCS 散射系数正比于电子密度的平方,即

$$\sigma_3 \propto N_e^2 \tag{5.41}$$

在电离层物理中,电子密度仅是影响电离层 RCS 散射系数的一个变量。根据前人的理论模型与实测结果[3],电离层相干散射系数受多种物理变量共同影响,如式(5.23)所示。而本书中只选择电子密度一个参数,忽略了其他变量,这种过度的近似简化导致最终估计结果出现较大偏差。因此要提升电离层参数估计探测精度,完善 HFSWR 电离层模型,需要进一步深入对电离层不规则体物理机制的研究。

此外,表 5.3 的电离层参数估计中,不规则体漂移速度是直接使用 Doppler 频移计算的。根据最新的研究成果,使用地面雷达 Super Dual Auroral Radar Network (SuperDARN)对不规则体漂移速度的估计值比卫星探测低 20% ～

$30\%^{[7]}$。原因可能在于没有考虑电离层折射指数 n，即

$$n = \sqrt{1 - f_p^2/f_0^2} \tag{5.42}$$

因此，修正后的电离层不规则体漂移速度一般表达式为

$$v = \frac{\lambda_0 \Delta f}{2n} \tag{5.43}$$

当 $n=1$ 时，上式为直接使用 Doppler 频移的计算结果。

基于最新发布的 IRI-2016 模型中 F$_2$ 层临界频率值，我们对不规则漂移速度估计进行修正，结果如表 5.4 所示。

表 5.4　电离层不规则体漂移速度估计

时间	雷达频率 f/MHz	F$_2$ 层临界频率 f_0/MHz	Doppler 速度 v_D/(m·s^{-1})	修正后速度 v_m/(m·s^{-1})
20:20	4.5	8.32	1.71	5.65
20:31	5.5	8.29	-45.68	-72.89
20:41	6.5	8.26	-1.29	-1.29
21:04	7.5	8.21	-5.00	-5.00
15:32	4.7	9.15	1.65	5.16
15:41	5.6	9.13	5.43	10.14
15:52	6.4	9.11	9.10	15.85
9:44	4.7	8.42	15.45	17.46
10:03	6.5	8.48	4.34	9.59
10:14	8.1	8.53	-11.83	-14.76

5.5　斜向传播路径下电离层参数反演

斜射入电离层的电波可能有多种传播路径，其中能量最强的是直接反射回波。下面对这种情况进行讨论。

对于入射角为 i_0 斜射方向的电离层回波，有

$$L'(f) = L_0 + \int_{L_0}^{L_m} \frac{c}{u} \mathrm{d}h = L_0 + \int_{L_0}^{L_m} \frac{1}{n} \mathrm{d}h \tag{5.44}$$

式中　　u——信号包络的群速度；

L_0——斜射方向对应的电离层底边到雷达的距离；

L'——群时延得到的距离；

L_m——发生全发射时距离雷达的径向距离,其与高频雷达发射频率 f 发生全反射时的最大电子密度 N_m 相对应。

另外有

$$\sin i_0 = n_n \sin 90° = n_n = \sqrt{1 - \frac{80.8 N(z)}{f^2}} \tag{5.45}$$

整理可得此时最大反射频率(MVF)为

$$f_{max} = \sqrt{80.8 N_m(z)} \sec i_0 = f_0 \sec i_0 \tag{5.46}$$

其中 $f_0 = \sqrt{80.8 N_m(z)}$。

假设电子密度与高度服从线性关系

$$L_m = \frac{L' + L_0}{2} + \frac{L' - L_0}{2} \sin i_0 \tag{5.47}$$

则反射真实高度为

$$h_m = \left(\frac{L' + L_0}{2} + \frac{L' - L_0}{2} \sin i_0 \right) \cos i_0 \tag{5.48}$$

5.5.1　L 阵超分辨算法简介

对于二维 DOA 估计,具有代表意义的算法包括:最大似然算法、子空间类算法中的二维 MUSIC 以及二维 ESPRIT 等算法,它们都是一维算法向二维的直接推广运用。MUSIC 算法需要进行特征值分解和谱峰搜索,并且不能很好地解相干信源;而 ESPRIT 算法虽避免了谱峰搜索,但存在参数配对问题。空间平滑技术是目前一种较为有效的降维类解相干处理算法,因其计算量小便于实现,对相干信源估计具有一定效果,但它通过牺牲阵元来换取解相干能力,由于孔径减少,因此分辨相干信源个数减少。针对空间相干信源的 DOA 估计问题,本书拟采用 L 型阵列两个子阵的接收数据与参考阵元的接收数据进行排列,构造两个 Hermitian Toeplitz 矩阵来解相干,再对这两个矩阵进行特征分解得到对应的信号子空间和噪声子空间,通过谱峰搜索得到角度估计[8]。

L 型阵列如图 5.12 所示,由 x 轴上阵元数为 M 的均匀线阵和 y 轴上阵元数为 M 的均匀线阵构成。阵元间距为 d,波长为 λ。假设噪声为白噪声且与信号源独立,噪声功率为 σ^2。假定有 N 个相干窄带信号源照射在阵列上,二维方向角为 (θ_k, φ_k),$k=1,2,\cdots,N$。则 x 轴上 M 个阵元接收到的信号可表示为

$$X(t) = A_x S(t) + N_x(t) \tag{5.49}$$

式中　　$S(t)$——信源矩阵;

　　　　$N_x(t)$——接收噪声。

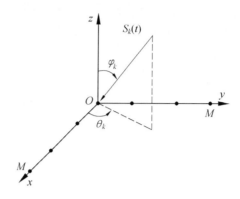

图 5.12　L 型阵列结构

$$A_x = \begin{bmatrix} 1 & \cdots & 1 \\ \vdots & & \vdots \\ \exp[-2\pi \mathrm{j}d(M-1)\cos\varphi_1\sin\theta_1/\lambda] & \cdots & \exp[-2\pi \mathrm{j}d(M-1)\cos\varphi_N\sin\theta_N/\lambda] \end{bmatrix}$$

(5.50)

y 轴上 M 个阵元接收到的信号可表示为

$$Y(t) = A_y S(t) + N_y(t) \tag{5.51}$$

式中　　$S(t)$——信源矩阵；

　　　　$N_y(t)$——接收噪声。

$$A_y = \begin{bmatrix} 1 & \cdots & 1 \\ \vdots & & \vdots \\ \exp[-2\pi \mathrm{j}d(M-1)\sin\varphi_1\sin\theta_1/\lambda] & \cdots & \exp[-2\pi \mathrm{j}d(M-1)\sin\varphi_N\sin\theta_N/\lambda] \end{bmatrix}$$

(5.52)

下面首先构造 x 方向的 Toeplitz 矩阵：

$$\begin{cases} X(t) = [x_1(t), x_2(t), \cdots, x_M(t)]^T \\ S(t) = [s_1(t), s_2(t), \cdots, s_M(t)]^T \\ N_x(t) = [n_1(t), n_2(t), \cdots, n_M(t)]^T \end{cases} \tag{5.53}$$

则接收信号可写为

$$x_k(t) = A(k)[s_1(t), s_2(t), \cdots, s_M(t)]^T + n_k(t) \tag{5.54}$$

式中　　$A(k)$——A_x 的第 k 行，$k = 1, 2, \cdots, N$。

定义如下相关系数

$$r_x(k-1) = E[x_1 x_k^H] = A(1)E[SS^H]A^H(k) + \sigma^2 I = A(1)R_s A^H(k) + \sigma^2 I$$

(5.55)

式中　　R_s——信号源自协方差矩阵。

$S = [s_1(t), s_2(t), \cdots, s_N(t)]^T$。当 k 从 1 到 N 时,就得到相关矢量$[r(0),$
$r(1), \cdots, r(M-1)]$,且

$$[r(0), r(1), \cdots, r(M-1)] = \boldsymbol{A}(1)\boldsymbol{R}_s[\boldsymbol{A}^H(1), \boldsymbol{A}^H(2), \cdots, \boldsymbol{A}^H(M)] \quad (5.56)$$

从上式可以看出,该相关矢量包含了所有信号源的信息。由这 M 个相关函数构成如下矩阵

$$\boldsymbol{R}_{Tx} = \begin{bmatrix} r(0) & r(1) & \cdots & r(M-1) \\ r(-1) & r(0) & \cdots & r(M-2) \\ \vdots & \vdots & & \vdots \\ r[-(M-1)] & r[-(M-2)] & \cdots & r(0) \end{bmatrix} \quad (5.57)$$

式中　$r(-k) = r^*(k)$。

可以证明 $\boldsymbol{R}_{Tx}$ 是 Hermitian Toeplitz 矩阵,将 $\boldsymbol{R}_{Tx}$ 代替原来的协方差矩阵$\boldsymbol{R}_x$进行奇异分解。同理可对 y 轴进行类似操作,将 $\boldsymbol{R}_{Ty}$ 代替原来的协方差矩阵$\boldsymbol{R}_y$。再借用二维 MUSIC 算法进行谱峰搜索。

5.5.2　基于 L 阵的二维 DOA 仿真

仿真参数如下:

信噪比:10;

阵列数量:8;

方位角:$[-35\ -15\ 10\ 30\ 50\ 70]$;

俯仰角:$[-35\ -20\ -5\ 10\ 35\ 60]$;

距离门:150;

DOA 数量:6。

二维 DOA 仿真结果如图 5.13 所示。图中尖峰部分即为目标位置。

在其他变量不变的情况下,改变仿真过程的信噪比,发现信噪比越高,谱峰越尖锐(最终趋于一条垂直于方位角轴线的直线),得到的估计值越准确;信噪比越低,谱峰越平滑(如果信噪比足够低,最终趋于一条水平直线),估计值越容易出现偏差。另外,DOA 的数量在某种程度上影响了估计的准确性,DOA 数量的增大会使谱峰变得平缓,导致探测范围内的信源角度变得密集;尤其是在低信噪比的情况下更加明显,甚至会出现谱峰的丢失,最终导致估计出现错误。

5.5.3　基于 L 阵的二维 DOA 实测数据处理

实验条件如下:

地点:威海,东经 122.1°,北纬 37.5°;

雷达:OSMAR-S;

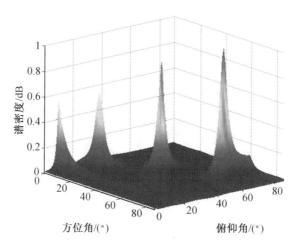

图 5.13　基于二维 MUSIC 算法的 DOA 估计

信号波形:FMICW;

雷达工作频率:约 5 MHz;

工作带宽:30 kHz;

发射天线:二元八木天线;

接收天线:L 型阵:

观测时间:2014 年 09 月 21 日 14 时 28 分。

　　如图 5.14 所示,通过谱强度搜索后,较大的三个区域被认为是电离层存在的区域。

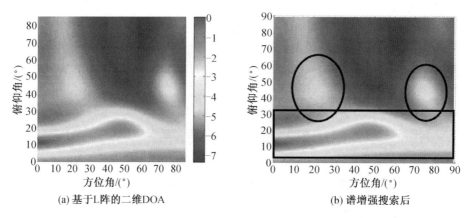

(a) 基于L阵的二维DOA　　　　　　　　(b) 谱增强搜索后

图 5.14　基于 L 阵的二维 DOA 实测数据

5.5.4　Otsu 阈值自适应分割法

Otsu 法是由日本学者大津(Otsu)于 1978 年首先提出的[9],也称大津阈值法或最大类间(最小类内)方差法。该方法根据图像的一维直方图,将目标和背景的类间方差最大作为阈值选取准则。

1. 一维 Otsu 算法

Otsu 法是一种常用的阈值选取方法,该方法利用类间方差最大自动确定阈值。其基本思想如下:对于一幅图像,其像素数为 N,灰度范围取为 $[0,L-1]$,n_i 为灰度级 i 的像素数,p_i 为灰度级为 i 的像素点出现的概率,则

$$p_i = n_i/N \tag{5.58}$$

$$\sum_{i=0}^{L-1} p_i = 1 \tag{5.59}$$

用阈值 k 把图像中的像素按灰度值分成背景类和目标类,表示为 C_0 和 C_1,C_0 由灰度值在 $[0,k]$ 之间的像素组成,C_1 由灰度值在 $[k+1,L-1]$ 之间的像素组成。对于灰度分布概率,次幅图像的均值为

$$u_k = \sum_{i=0}^{L-1} i p_i \tag{5.60}$$

C_0 和 C_1 的均值分别为

$$u_0 = \sum_{i=0}^{L-1} i p_i / w_0, \quad u_1 = \sum_{i=0}^{L-1} i p_i / w_1 \tag{5.61}$$

其中

$$w_0 = \sum_{i=0}^{k} p_i, \quad w_1 = \sum_{i=k+1}^{L-1} p_i = 1 - w_0 \tag{5.62}$$

综上可得

$$u_k = w_0 u_0 + w_1 u_1 \tag{5.63}$$

类间方差定义为

$$\sigma_B^2 = w_0(u_0 - u_k)^2 + w_1(u_1 - u_k)^2 = w_1 w_0(u_0 - u_1)^2 \tag{5.64}$$

k 在 $[0,L-1]$ 范围依次取值,当 σ_B^2 最大时对应的 k 值即为 Otus 算法的最佳阈值。

2. 二维 Otsu 算法

在实际应用中,由于一维 Otsu 算法只考虑到像素点本身的灰度信息,未考虑其周围像素点的影响,其确定的阈值往往会造成错误分割。因此,将一维 Otsu 法推广到二维,利用原图像与其邻域平滑图像构建二维直方图,可大大改善图像的分割效果[10]。

　　二维最大类间方差法是一种阈值化分割方法,其基本原理如下:设 $f(x,y)$,$(1 \leqslant x \leqslant M, 1 \leqslant y \leqslant N)$ 是一幅灰度级为 L、大小为 $M \times N$ 的图像,其邻域平滑图像 $g(x,y)$ 可以从对每个像素点计算其邻域的平均灰度值来得到,那么 $g(x,y)$ 的灰度等级也为 L。这样,对于图像中的任何一个像素,可以构成一个二元组:像素灰度值和邻域平均灰度值。设 f_{ij} 表示图像 $f(x,y)$ 中灰度值为 i、邻域平均灰度值为 j 的像素点出现在同一空间位置上的个数,由此可以构建该图像点的二维直方图。二维联合概率密度可以表示为

$$p_{ij} = \frac{f_{ij}}{M \times N} \tag{5.65}$$

　　图像 g 的灰度级 $g(m,n)$ 可用如下公式计算

$$g(m,n) = \frac{1}{k \times k} \sum_{i=-(k-1)/2}^{(k-1)/2} \sum_{j=-(k-1)/2}^{(k-1)/2} f(m+i, n+j) \tag{5.66}$$

k 表示像素点的正方形邻域的宽度,一般取奇数。

　　图 5.15 表示某一幅图像所对应的二维直方图的平面投影图,f 轴表示像素点的灰度值,g 轴表示像素点的灰度邻域平均值。

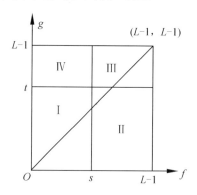

图 5.15　二维直方图的平面投影图

　　假设灰度分割阈值用 s 来表示,邻域灰度均值分割阈值用 t 来表示,这样就可以用 (s,t) 把图像分成两类,即背景和目标。其中 $0 \leqslant s \leqslant L-1, 0 \leqslant t \leqslant L-1$,则背景部分所占比例为

$$\omega_b = \sum_{i=1}^{s} \sum_{j=1}^{t} p_{ij} = \omega_b(s,t) \tag{5.67}$$

目标部分所占比例为

$$\omega_0 = \sum_{i=s+1}^{L} \sum_{j=t+1}^{L} p_{ij} = \omega_0(s,t) \tag{5.68}$$

　　在绝大多数情况下,噪声和边缘点的概率非常小,可以忽略不计,也就是远

离对角线的概率忽略不计。这样就可假设 $\omega_b + \omega_0 = 1$，此时，两类对应的均值矢量为

$$\boldsymbol{\mu}_b(s,t) = (\mu_{b1}, \mu_{b2})^{\mathrm{T}} = \left[\frac{\sum\limits_{i=1}^{s}\sum\limits_{j=1}^{t} i p_{ij}}{\omega_b(s,t)}, \frac{\sum\limits_{i=1}^{s}\sum\limits_{j=1}^{t} j p_{ij}}{\omega_b(s,t)} \right]^{\mathrm{T}} \tag{5.69}$$

$$\boldsymbol{\mu}_0(s,t) = (\mu_{01}, \mu_{02})^{\mathrm{T}} = \left[\frac{\sum\limits_{i=s+1}^{L}\sum\limits_{j=t+1}^{L} i p_{ij}}{\omega_0(s,t)}, \frac{\sum\limits_{i=s+1}^{L}\sum\limits_{j=t+1}^{L} j p_{ij}}{\omega_0(s,t)} \right]^{\mathrm{T}} \tag{5.70}$$

于是总体均值为

$$\boldsymbol{\mu}(s,t) = (\mu_1, \mu_2)^{\mathrm{T}} = \left[\sum_{i=1}^{L}\sum_{j=1}^{L} i p_{ij}, \sum_{i=1}^{L}\sum_{j=1}^{L} j p_{ij} \right] \tag{5.71}$$

定义离散度矩阵为

$$\boldsymbol{\sigma}_b = \omega_b \left[(\mu_b - \mu)(\mu_b - \mu)^{\mathrm{T}} \right] + \omega_0 \left[(\mu_0 - \mu)(\mu_0 - \mu)^{\mathrm{T}} \right] \tag{5.72}$$

用离散度矩阵的迹作为背景和目标类的距离测度函数：

$$\mathrm{tr}(\boldsymbol{\sigma}_b) = \omega_b \left[(\mu_{b1} - \mu_1)^2 (\mu_{b2} - \mu_1)^2 \right] + \omega_0 \left[(\mu_{01} - \mu_2)^2 (\mu_{01} - \mu_2)^2 \right] \tag{5.73}$$

当上式中 $\mathrm{tr}(\boldsymbol{\sigma}_b)$ 最大时，所取得的分割阈值即为最优的阈值 (s_*, t_*)。

3. 二维 Otsu 处理雷达实测数据

将实测数据二维 DOA 估计之后的俯仰角和方位角数据进行自适应阈值分割，将不同的高点数据进行保留，其他无关数据最小化处理，由于电离层回波强度不一致，如果按照统一阈值进行分割，则会出现丢失信息的情况，因此进行自适应阈值分割处理，如图 5.16 所示。

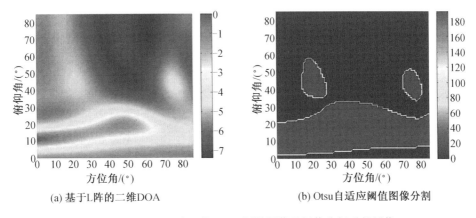

(a) 基于 L 阵的二维 DOA　　　　　(b) Otsu 自适应阈值图像分割

图 5.16　基于 L 阵二维 DOA 原始图像及阈值分割后的图像

从图 5.16 中可以看到,自适应阈值算法较好地保留了电离层回波信息,未出现丢失数据的情况。

5.5.5　实验与分析

本实验使用的高频地波雷达发射天线为竖笼天线,接收天线为 L 阵天线,主阵、辅阵分别 8 个阵元。参数如下:

地点:中国威海,东经 122.1°,北纬 37.5°;

脉冲重复周期:$T_p = 4$ ms;

扫频周期:$T_{sw} = 32 \times T_p = 128$ ms;

相干积累周期:$T_A = T_{sw} \times 256 = 32.8$ s;

带宽:$B_w = 30$ kHz;

距离单元:$R_{bin} = 5$ km;

发射功率:$P_t = 2$ kW。

1. RD 谱自适应分割及电子密度反演

通过图 5.17 中的高度数据,可确定反演数据时的距离门数。R－D 谱显示在 230~245 km 处有明显的回波信号,作者认为电离层强度较高的位置于 153~163 个距离门。因此对该距离门段数据进行处理。图 5.18 所示为第 151 个距离门的数据处理过程,依次分别为二维 DOA 图、自适应阈值分割处理图、高度反演图及电离层回波强度示意图。

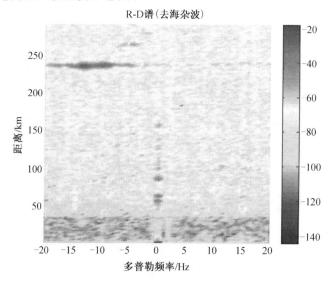

图 5.17　斜测数据 R－D 谱

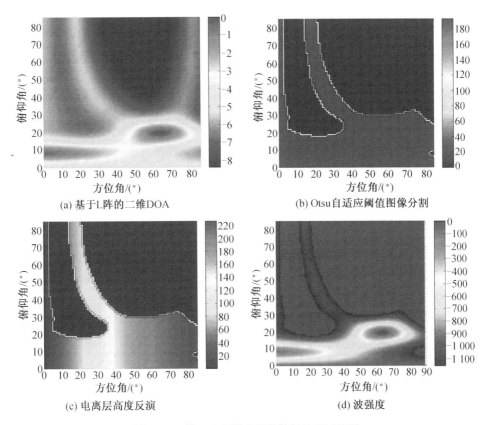

(a) 基于L阵的二维DOA

(b) Otsu自适应阈值图像分割

(c) 电离层高度反演

(d) 波强度

图 5.18　第 151 个距离门的数据处理过程图

图 5.19 为第 151 距离门反演的电子密度与 IRI－2012 对比的示意图,从图中可以清楚地发现,从 130 km 开始,实测数据与 IRI－2012 的数据十分接近,在 190 km 以上,几乎为重合,从而说明了本方法的可行性。

2. 空间电子密度反演

通过不同距离单元得到的电子密度信息,可以通过外推法得到整个空间的电子密度信息,并经过简单计算得到对应的等离子体频率。分别如图 5.20、图 5.21 所示。

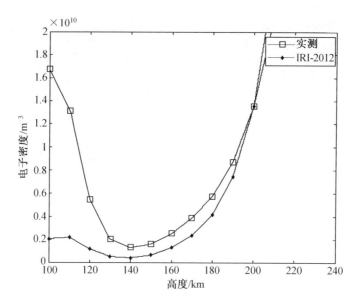

图 5.19 反演电子密度与 IRI－2012 对比图

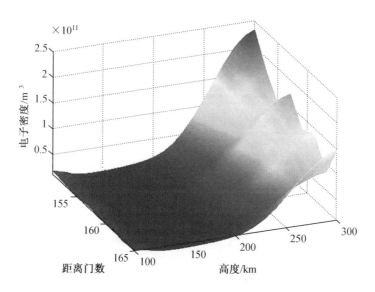

图 5.20 区域等离子体频率分布外推图

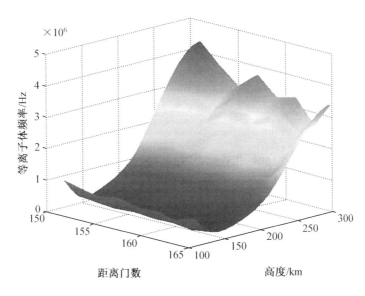

图 5.21　区域电子密度分布外推图

本章参考文献

［1］ RICHARDS M A. Fundamentals of radar signal processing［M］. New York：Tata McGraw-Hill Education，2005：53-79.

［2］ 周文瑜，焦培南. 超视距雷达技术［M］. 北京：电子工业出版社，2007：314-318.

［3］ BOOKER H G. A theory of scattering by nonisotropic irregularities with application to radar reflections from the aurora［J］. Journal of Atmospheric and Terrestrial Physics，1956，8(4-5)：204-221.

［4］ SCHLEGEL K. Coherent backscatter from ionospheric E-region plasma irregularities［J］. Journal of Atmospheric and Terrestrial Physics，1996，58(8-9)：933-941.

［5］ WALKER A D M，GREENWALD R A，BAKER K B. Determination of the fluctuation level of ionospheric irregularities from radar backscatter measurements［J］. Radio Science，1987，22(05)：689-705.

［6］ PONOMARENKO P V，STMAURICE J P，WATERS C L，et al. Refractive index effects on the scatter volume location and Doppler velocity estimates of ionospheric HF backscatter echoes［J］. Annales

Geophysicae，2009，27(11)：4207-4219.

［7］BERNGARDT O I，KUTELEV K A，POTEKHIN A P. SuperDARN scalar radar equations[J]. Radio Science，2016，51(10)：1703-1724.

［8］唐玲,宋弘,陈明举,等. 一种基于 Toeplitz 矩阵重构的相干信源 DOA 估计算法[J]. 电子信息对抗技术，2011，25（3）：9-12.

［9］OTSU N. A threshold selection method from gray level histograms[J]. IEEE Trans on SMC，1979，9（1）：62-69.

［10］胡敏,李梅,汪荣贵. 改进的 Otsu 算法在图像分割中的应用[J]. 电子测量与仪器学报，2010，24（5）：443-449.

第6章 基于高频电磁散射理论的电离层建模

6.1 概　　述

　　理想情况下,HFSWR 系统发射的电磁波束应该完全沿着海面传播。然而由于复杂的地面特性和海风对天线扰动等天线方面的限制因素,一部分无线电波向上辐射并在被电离层反射后成为电离层回波。已有大量文献采用复杂精巧的基于雷达信号处理的算法来抑制电离层杂波。这类电离层回波抑制技术往往需要大量的实测数据,通常更适合处理稳定或缓慢变化的电离层回波干扰。另外一种缓解电离层回波影响的方法是建立一套基于电离层物理散射机制的数学模型。在此类研究中,Walsh 和 Gill 最早对海杂波进行了理论分析[1],后来将之推广到电离层回波建模研究中[2-5]。Walsh 等将 HFSWR 电离层回波的传播路径分为两种:垂直向及天一海(电离层一海洋表面)混合路径传播。然而,如第 3章通过垂测仪与 HFSWR 联合观测分析指出,HFSWR 电离层回波中可能存在天波斜后向散射传播路径回波(0.5 跳)。理论上,相比混合路径,斜向天波传播路径没有经过海面传播损耗,因此该路径下回波能量更不容易衰减。并且当电离层倾斜移动时,也容易产生后向散射电离层回波。因此,HFSWR 电离层回波可能的传播路径有三类,如图 6.1 所示。当然,HFSWR 电离层回波到底存在哪几种传播路径,目前相关的文献并没有一致的研究结论。文献[6]认为,HFSWR 电离层传播路径不仅包含以上三种,还包括 1 跳天波传播路径回波及海一天混合路径回波。

　　虽然垂直反射的电离层回波一般只占据 RD 谱的少数几个距离单元,但其强度高于混合路径传播。Ravan、Riddolls 等[7-9]利用几何光学法对 HFSWR 的垂直和极区天波路径电离层回波建模,通过引入一个电离层物理等离子不规则体的 3 阶空间谱密度函数,得到了 HF 电波在不规则体扰动下的相位谱密度模型。但这只研究了电离层对雷达信号相位的调制。Walsh 等[2-5]模拟仿真了混合路径传播下脉冲雷达和 FMCW 雷达的回波接收功率,分析了电离层回波在雷达回波谱内的特征。然而在这类模型中,代表电离层对 HF 电波传播影响的

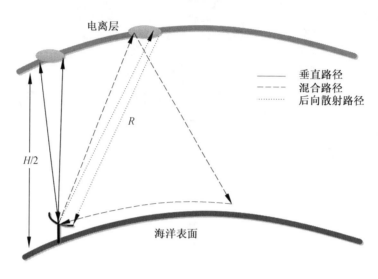

图 6.1　高频地波雷达电离层回波传播路径

电离层反射系数（IRC）谱密度函数使用高斯分布来描述，这可能并不符合真实的电离层物理特性。于是 Chen、Huang、Gill 等[10] 从电离层物理机制角度，引入 Riddolls 提出的不规则体相位谱密度模型对 IRC 谱密度函数进行刻画。具体而言，该模型假设发射源为一个连续激发的基本垂直偶极子，对脉冲信号推导出垂直向反射条件下电离层回波的电场和功率表达式。而目前 HFSWR 系统采用的一般是 FMPCW 或相位编码信号，因此本章在 Chen 的基础上，对垂直反射情况下的 FMCW/FMPCW 信号对应的电离层回波进行建模分析，并从概率分布及电离层物理机制两个角度分别对电离层反射系数谱密度函数进行估计，之后全面仿真分析了每个参数在不同情况下对 HFSWR 电离层回波功率谱密度分布的影响。

其次，基于 Walsh 电磁散射理论模型，对 FMCW/FMPCW 信号在天波传播路径下斜向散射电离层回波进行了建模。原有的 HF 信号相功率谱模型只适应于垂直入射情形，在电波斜射电离层条件下不再适用。Ravan 曾推导出天波超视距雷达在极区传播时的相功率谱[9]，但由于我国 HFSWR 部署的东南沿海处于中低纬度，因此需要对原模型进行矫正。本章通过对地磁坐标系的两次旋转，推导出适应于任何中纬度的电离层不规则体相谱密度表达式，从而 Ravan 的极区模型成为本模型的特例。最终获得了中低纬度下天波传播路径后向散射电离层回波的数学表达式。

最后，结合雷达实测数据，通过回波功率谱密度对斜后向散射传播路径下的 E 层不规则体平均电子密度波动进行估计，并与垂测仪数据进行比对分析。

6.2　FMCW 信号垂直向电离层回波模型

6.2.1　垂直向接收电场方程

假定垂直偶极子源放置于 $z=0$ 处,电离层是高度为 $z=H/2$ 的反射平面,将在 $z=H$ 处具有垂直的镜像源。如图 6.1 所示。另外假设超过 $z=H/2$ 没有其余辐射。理想情况下,高频地波雷达在垂直方向上没有辐射。但是如第 2 章仿真所述,一部分雷达波束会垂直向上照射到电离层。假定基本偶极子的天线方向图在垂直方向的误差角度为 $\Delta\theta$,如图 6.2 所示。根据镜像理论,则原点处接收天线的电场可表示为[10]

$$E_{\text{R}}=\text{j}C_0\sin\,\Delta\theta R_{\text{iA}}\,\frac{\text{e}^{-\text{j}kH}}{4\pi H} \tag{6.1}$$

式中　C_0——载有电流 I 的长度为 Δl 的天线的偶极子系数,其值为 $\dfrac{\eta_0\Delta l}{c}\omega I(\omega)$;

　　　ω——雷达工作圆频率;

　　　η_0——天线固有阻抗;

　　　c——光速;

　　　R_{iA}——(x,y) 处平均电离层反射系数,记为

$$R_{\text{iA}}=\frac{\iint_S R_{\text{i}}(x,y)\,\text{d}S}{S} \tag{6.2}$$

式中　R_{i}——$P(x,y)$ 处电离层反射系数 IRC;

　　　S——电离层散射区域的面积,其取决于发射信号在垂直方向的波束宽度以及电离层的高度。

假设电离层区域内的入射电场是均匀的,则接收电场可以写为

$$E_{\text{R}}=\text{j}C_0\sin(\Delta\theta)\,\frac{\text{e}^{-\text{j}kH}}{4\pi H}\frac{\iint_S R_{\text{i}}(x,y)\,\text{d}S}{S} \tag{6.3}$$

$R_{\text{i}}(x,y)$ 可以被认为是一个随机过程,于是可以展开为 Fourier 形式表示

$$R_{\text{i}}(x,y)=\sum_{K_{\text{i}}}P_{K_{\text{i}}}\text{e}^{\text{j}K_{\text{i}}\rho_{\text{i}}} \tag{6.4}$$

式中　ρ_{i}——电离层散射区域的直径参数,取值范围为 0 到 $\Delta\rho_{\text{i}}$;

　　　K_{i}——电离层不规则体的波数,一般小于 10^{-3} m^{-1};

　　　$P_{K_{\text{i}}}$——电离层不规则体的 Fourier 系数。

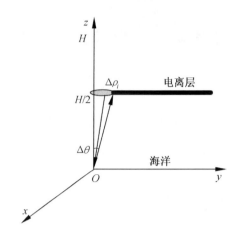

图 6.2　垂直向电离层回波建模

电离层散射体的面积可以近似为 $S = \pi \Delta \rho_i^2$。定义 ρ_i 和 K_i 之间的夹角为 φ，将式(6.4) 代入方程(6.3) 可得

$$E_R = \frac{jC_0 \sin(\Delta\theta) e^{-jkH}}{4\pi^2 H \Delta \rho_i^2} \iint \sum_{K_i} P_{K_i} e^{jK_i \rho_i \cos\varphi} \rho_i \, d\varphi \, d\rho_i \qquad (6.5)$$

式(6.5) 中关于 φ 的积分是一个零阶 Bessel 函数

$$\int_\varphi e^{jK_i \rho_i \cos\varphi} \, d\varphi = 2J_0(K_i \rho_i) = 2 \sum_{n=0}^{\infty} (-1)^n \frac{(K_i \rho_i /2)^{2n}}{(n!)^2} \qquad (6.6)$$

因此，方程(6.5) 可化为

$$E_R = \frac{jC_0 \sin(\Delta\theta) e^{-jkH}}{2\pi^2 H \Delta \rho_i^2} \sum_{K_i} P_{K_i} \int_0^{\Delta\rho_i} J_0(K_i \rho_i) \rho_i \, d\rho_i \qquad (6.7)$$

此时，使用 Fourier 逆变换可得垂直向电离层时域电场方程为

$$E_R(t) = \frac{\sin(\Delta\theta)}{2\pi^2 H \Delta \rho_i^2} \left[\mathscr{F}_t^{-1}(jC_0) \overset{t}{*} \delta\left(t - \frac{H}{C}\right) \right] \cdot \sum_{K_i} P_{K_i} \int_0^{\Delta\rho_i} J_0(K_i \rho_i) \rho_i \, d\rho_i \quad (6.8)$$

式中　　$\mathscr{F}_t^{-1}$——Fourier 逆变换；

　　　　$\overset{t}{*}$——时域卷积；

　　　　$\delta(\cdot)$——Dirac delta 函数。

6.2.2　FMCW 信号电场方程

单个扫频周期内 FMCW 信号可表示为

$$x(t) = I_0 \cos(\omega_0 t + \alpha \pi t^2), \quad -\frac{T_r}{2} \leqslant t < \frac{T_r}{2} \qquad (6.9)$$

FMCW 信号复数形式为

$$i(t) = I_0 e^{j(\omega_0 t + a\pi t^2)} \left[h\left(t + \frac{T_r}{2}\right) - h\left(t - \frac{T_r}{2}\right) \right] \tag{6.10}$$

式中　　I_0——电流峰值；

　　　　ω_0——辐射频率；

　　　　T_r——脉冲周期；

　　　　α——扫频斜率；

　　　　$h(t)$——Heaviside 函数（即阶跃函数）。

不同于脉冲雷达的测距原理，FMCW 使用收发信号差频进行测距，即

$$R = \frac{c\Delta f}{2\alpha} = \frac{c\,|f_t - f_r|}{2\alpha} \tag{6.11}$$

式中　　R——距离；

　　　　f_t——雷达发射信号频率；

　　　　f_r——雷达接收信号频率。

回到方程(6.8)，对于高频段 FMCW 信号，由于满足

$$|2\pi\alpha t| < 2\pi B \ll \omega_0 \tag{6.12}$$

因此有如下近似

$$\mathscr{F}_t^{-1}(jC_0) = \frac{\eta_0 \Delta l}{c} \frac{di(t)}{dt} \approx jk_0 \eta_0 \Delta l I_0 e^{j(\omega_0 t + a\pi t^2)} \cdot \left[h\left(t + \frac{T_r}{2}\right) - h\left(t - \frac{T_r}{2}\right) \right] \tag{6.13}$$

式中　　k_0——波数，$k_0 = \omega_0/c$。

于是电场方程(6.8)可表示为

$$E_R(t) = \frac{jk_0 \eta_0 \Delta l I_0 \sin(\Delta\theta)}{2\pi^2 H \Delta\rho_i^2} \sum_{K_i} P_{K_i} \int_0^{\Delta\rho_i} J_0(K_i \rho_i) \rho_i d\rho_i \times$$

$$e^{j\omega_0\left(t - \frac{H}{c}\right)} e^{ja\pi\left(t - \frac{H}{c}\right)^2} \left[h\left(t + \frac{T_r}{2} - \frac{H}{c}\right) - h\left(t - \frac{T_r}{2} - \frac{H}{c}\right) \right] \tag{6.14}$$

将上式中的指数部分相位展开得

$$\omega_0\left(t - \frac{H}{c}\right) + \alpha\pi\left(t - \frac{H}{c}\right)^2 = \omega_0 t + \alpha\pi t^2 - k_0 H - \frac{2\pi\alpha H}{c}t + \frac{\pi\alpha H^2}{c^2} \tag{6.15}$$

于是式(6.14)可以化为

$$E_R(t) = \frac{jk_0 \eta_0 \Delta l I_0 \sin(\Delta\theta)}{2\pi^2 H \Delta\rho_i^2} \sum_{K_i} P_{K_i} \int_0^{\Delta\rho_i} J_0(K_i \rho_i) \rho_i d\rho_i \times$$

$$e^{j(\omega_0 t + a\pi t^2)} e^{j\left(\frac{\pi\alpha H^2}{c^2} - k_0 H\right)} e^{-j\frac{2\pi\alpha H}{c}t} \left[h\left(t + \frac{T_r}{2} - \frac{H}{c}\right) - h\left(t - \frac{T_r}{2} - \frac{H}{c}\right) \right] \tag{6.16}$$

接下来考虑信号解调过程，即将接收信号与原始发射信号混频后经过低通

滤波器。经过这步处理后,$e^{j(\omega_0 t + \alpha \pi t^2)}$ 项将被消除,而其他相位部分取共轭。于是

$$E_R^D(t) = \frac{jk_0 \eta_0 \Delta l I_0 \sin(\Delta\theta)}{2\pi^2 H \Delta\rho_i^2} \sum_{K_i} P_{K_i} \int_0^{\Delta\rho_i} J_0(K_i\rho_i)\rho_i d\rho_i \times$$

$$e^{-j\left(\frac{\pi\alpha H^2}{c^2} - k_0 H\right)} e^{j\frac{2\pi\alpha H}{c}t} \left[h\left(t + \frac{T_r}{2} - \frac{H}{c}\right) - h\left(t - \frac{T_r}{2} - \frac{H}{c}\right) \right] \qquad (6.17)$$

式中　　符号 D 代表解调。

对于 FMCW,距离测量由收发信号差频所决定,因此下一步为距离变换,对电场方程关于时间 t 进行 Fourier 变换以获取差频。式(6.16)中只有最后两项是 t 的函数,其 Fourier 变换为

$$\mathscr{F}\left\{ e^{j\frac{2\pi\alpha H}{c}t} \left[h\left(t + \frac{T_r}{2} - \frac{H}{c}\right) - h\left(t - \frac{T_r}{2} - \frac{H}{c}\right) \right] \right\}$$

$$= \int_{\frac{H}{c} - \frac{T_r}{2}}^{\frac{H}{c} + \frac{T_r}{2}} e^{j\frac{2\pi\alpha H}{c}t} e^{-j\omega t} dt$$

$$= T_r e^{j\left(\frac{2\pi\alpha H}{c} - \omega\right)\frac{H}{c}} Sa\left[\frac{T_r}{2}\left(\omega - \frac{2\pi\alpha H}{c}\right) \right] \qquad (6.18)$$

式中　　$Sa(\cdot)$ —— 采样函数,$Sa(\cdot) = \sin x/x$。

将式(6.18)代入式(6.16)可得 FMCW 信号的频域电场表达式为

$$E_R^D(\omega_r) = \mathscr{F}\{E_R^D(t)\} = \frac{jk_0 \eta_0 \Delta l I_0 \sin(\Delta\theta) T_r}{2\pi^2 H \Delta\rho_i^2} \sum_{K_i} P_{K_i} \int_0^{\Delta\rho_i} J_0(K_i\rho_i)\rho_i d\rho_i \times$$

$$e^{-j\left(k_0 + \frac{\omega_r}{c}\right)H} e^{j\frac{\pi\alpha H^2}{c^2}} Sa\left[\frac{T_r}{2}\left(\omega_r - \frac{2\pi\alpha H}{c}\right) \right] \qquad (6.19)$$

此处 ω 被替换为 ω_r。对于给定的 ω_r,必然有对应的时延 Δt,即处于电离层不规则体与雷达之间的总时延。于是雷达可见电离层反射高度 H_0 定义为

$$H_0 = \frac{c\Delta t}{2} = \frac{c\omega_r}{4\pi\alpha} \qquad (6.20)$$

距离分辨率 ΔH_0 定义为

$$\Delta H_0 = \frac{c}{2B} \qquad (6.21)$$

另外定义

$$k_B = \frac{2\pi B}{c} \qquad (6.22)$$

$$k_r = \frac{\omega_r}{c} \qquad (6.23)$$

$$H' = H_0 - \frac{H}{2} \qquad (6.24)$$

基于如上定义,$Sa(\cdot)$ 中的变量可以化简为

$$\frac{T_r}{2}\left(\omega_r - \frac{2\pi\alpha H}{c}\right) = \frac{2\pi B}{c}\left(H_0 - \frac{H}{2}\right) = k_B H' \tag{6.25}$$

假设采样函数 $Sa(\cdot)$ 为窄带,并且绝大多数函数值集中在峰值($H'=0$)附近,即满足 $|k_B H'| < \pi/2$。同时采样函数 $Sa(\cdot)$ 会导致距离单元之间扩散,我们使用参数 Δr 来表示这种效应。当 $\Delta r = \Delta H_0/2$ 时,意味着电离层回波只占据单个距离单元,并未在距离域扩散。这种距离单元间耦合效应可表示为

$$\Delta r = \frac{\Delta H_0}{2}, \Delta H_0, \cdots \frac{k\Delta H_0}{2}\cdots, \quad k = 1, 2, \cdots \tag{6.26}$$

由于随机变量 H' 满足

$$-\Delta r \leqslant H' \leqslant \Delta r \tag{6.27}$$

则有

$$-k\pi/2 < k_B H' < k\pi/2 \tag{6.28}$$

假设 H' 服从均匀分布,则有

$$E\{Sa(k_B H')\} = \frac{\displaystyle\int_{-\Delta r}^{\Delta r} Sa(k_B H')\mathrm{d}H'}{2\Delta r} = \frac{2Si(k\pi/2)}{k\pi} \tag{6.29}$$

式中　$Si(x) = \displaystyle\int_0^x \frac{\sin t}{t}\mathrm{d}t$。

可以看出 $Sa(\cdot)$ 的数学期望由距离单元扩展参数 k 决定。当 Δr 充分大时,式(6.29)可以近似为

$$E\{Sa(k_B H')\} = \frac{2Si(k\pi/2)}{k\pi} \approx \frac{1}{k} \tag{6.30}$$

最终,可得到 FMCW 信号垂直向接收电场方程为

$$E_R^D(\omega_r) = \frac{\mathrm{j}k_0\eta_0\Delta l I_0\sin(\Delta\theta)T_r}{4\pi^2 H_0\Delta\rho_i^2}\sum_{K_i} P_{K_i}\int_0^{\Delta\rho_i} J_0(K_i\rho_i)\rho_i\mathrm{d}\rho_i \mathrm{e}^{-\mathrm{j}(k_0+k_r)H}\mathrm{e}^{\mathrm{j}\frac{\pi\alpha H^2}{c^2}}Sa(k_B H')$$

$$\tag{6.31}$$

与脉冲信号的垂直向接收电场方程对比可以发现,二者的唯一区别在于 $Sa(\cdot)$ 函数。该函数由扫频带宽 B 以及距离单元扩展参数 k 共同决定。正是这一项使得 FMCW 信号的电离层回波幅度比脉冲雷达低数个 dB,后续仿真中将进一步验证这一特性。

6.2.3　FMCW 信号接收功率

在实际雷达系统中,相干积累周期往往达到数十秒,此期间电离层应该被视为时变场,因此 R_i 应被修改为

$$R_i(x, y, t) = \sum_{K_i, \omega_i} P_{K_i, \omega_i}\mathrm{e}^{\mathrm{j}(K_i\cdot\rho_i + \omega_i t)} \tag{6.32}$$

式中 ω_i—— 雷达发射信号电离层不规则体频率。

假设 ω_i 足够小,在单个扫频周期内忽略不计,只考虑扫频周期间的变化。同时假设 $R_i(x,y,t)$ 为平稳、齐次、独立的随机过程,则接收电场的相关函数为

$$R(\tau) = \frac{A_r}{2\eta_0} \frac{1}{T_r} \langle E(t+\tau) E^*(t) \rangle = \frac{A_r \eta_0 k_0^2 \Delta l^2 I_0^2 \sin^2(\Delta\theta)}{32\pi^4 H^2 \Delta\rho_i^4} \times$$

$$\int_{K_i} \int_{\omega_i} S_{R_i}(K_i,\omega_i) \left| \int_0^{\Delta\rho_i} J_0(K_i\rho_i)\rho_i \mathrm{d}\rho_i \right|^2 Sa^2(k_B H') \mathrm{e}^{j\omega_i\tau} \mathrm{d}K_i \mathrm{d}\omega_i \quad (6.33)$$

式中 A_r—— 接收天线阵列有效面积;

$*$—— 复共轭。

平均 Fourier 系数可表示为

$$\langle P_{K_i,\omega_i}, P_{K_i,\omega_i}^* \rangle = S_{R_i}(K_i,\omega_i) \mathrm{d}K_i \mathrm{d}\omega_i \quad (6.34)$$

式中 $S_{R_i}(K_i,\omega_i)$—— 雷达发射信号 IRC 的谱密度函数;

K_i—— 雷达发射信号电离层不规则体波数;

ω_i—— 雷达发射信号电离层不规则体频率。

对相关函数 $R(\tau)$ 做 Fourier 变换,即可得到 FMCW 信号垂直向接收功率谱密度(Power Spectral Density,PSD):

$$P(\omega_d) = \mathscr{F}\{R(\tau)\} = \frac{A_r \eta_0 k_0^2 \Delta l^2 I_0^2 \sin^2(\Delta\theta)}{32\pi^4 H_0^2 \Delta\rho_i^4} \times$$

$$\int_{K_i} \int_{\omega_i} S_{R_i}(K_i,\omega_i) \left| \int_0^{\Delta\rho_i} J_0(K_i\rho_i)\rho_i \mathrm{d}\rho_i \right|^2 Sa^2(k_B H')\delta(\omega_d - \omega_i) \mathrm{d}K_i \mathrm{d}\omega_i$$

$$(6.35)$$

式中 ω_d——HFSWR 观测到的 Doppler 频率。

6.2.4 电离层反射系数谱密度函数估计

由于式(6.35)中电离层反射系数谱密度函数 $S_{R_i}(K_i,\omega_i)$ 未知,因此需要对其进行估计。常用的方法有两大类,一种是纯数学角度,假设 $S_{R_i}(K_i,\omega_i)$ 服从某种概率分布,另一种是基于电离层物理机制估计,如几何光学法、HF 电波在电离层中的传播理论等。以下详细介绍了五种 IRC 谱密度估计,其中前三种分别为服从均匀分布、指数分布和正态分布的 IRC 谱密度估计[11],后两种分别为基于 3 阶、4 阶幂律的不规则体相谱密度模型下的 IRC 谱密度估计。

1. 服从均匀分布的 IRC 谱密度估计

假设电离层反射层有恒定水平速度 v_h,则有

$$S_{R_i}(K_i,\omega_i) = S_{R_i}(K_i)\delta(\omega_i + K_i \cdot v_h) \quad (6.36)$$

既然假定电离层为定速运动,那么 $S_{R_i}(K_i)$ 为无方向性,并且电离层反射系

数自相关函数为实数,即

$$S_{R_i}(K_i) = S_{R_i}(-K_i) = S_{R_i}(K_i) \tag{6.37}$$

此时 FMCW 信号的接收功率谱密度表达式为

$$P(\omega_d) = \frac{A_r \eta_0 k_0^2 \Delta l^2 I_0^2 \sin^2(\Delta\theta)}{32\pi^4 H_0^2 \Delta\rho_i^4} Sa^2(k_B H') \times$$

$$\int_{K_i} S_{R_i}(K_i) \left| \int_0^{\Delta\rho_i} J_0(K_i\rho_i)\rho_i d\rho_i \right|^2 \delta(\omega_d + K_i \cdot v_h) dK_i \tag{6.38}$$

Walsh 等给出了关于 IRC 谱密度函数服从均匀分布时的表达式:

$$S_{R_i}(K_i, K_f) = \frac{G(K_i, K_f)}{2\pi K_i K_f} \tag{6.39}$$

式中

$$G(K_i, K_f) = \begin{cases} 1, & K_i \leqslant K_f \\ 0, & K_i > K_f \end{cases} \tag{6.40}$$

式中　K_f—— 电离层空间波数带宽,由不规则体空间最小波长 λ_{imin} 决定($K_f = 2\pi/\lambda_{imin}$)。

当 IRC 谱密度函数服从均匀分布时,FMCW 信号的接收功率谱密度表达式为

$$P(\omega_d) = \frac{A_r \eta_0 k_0^2 \Delta l^2 I_0^2 \sin^2(\Delta\theta)}{32\pi^4 H_0^2 \Delta\rho_i^4} Sa^2(k_B H') \frac{\left| \int_0^{\Delta\rho_i} J_0\left[\rho_i(\omega_d - 2k_0 v_v)\sec\theta_v/v_h\right]\rho_i d\rho_i \right|^2}{2\pi K_f(\omega_d - 2k_0 v_v)\sec\theta_v/v_h}$$

$$\tag{6.41}$$

式中　θ_v—— K_i 与 v_h 的夹角。

当 $\theta_v = \pi/2$ 时,式(6.41)无意义。从式(6.41)可见,此时 $K_i \perp v_h$,$\omega_i = \omega_d = 0$,$P(\omega_d)$ 退化为 δ 脉冲函数,回波功率集中在零频。

2. 服从指数分布的 IRC 谱密度估计

假设 IRC 谱密度函数服从指数分布

$$S_{R_i}(K_i, K_f) = \frac{\exp(-K_i/K_f)}{2\pi K_i K_f} \tag{6.42}$$

此时 FMCW 信号的接收功率谱密度表达式为

$$P(\omega_d) = \frac{A_r \eta_0 k_0^2 \Delta l^2 I_0^2 \sin^2(\Delta\theta)}{32\pi^4 H_0^2 \Delta\rho_i^4} Sa^2(k_B H') \times$$

$$\frac{\exp\left[-(\omega_d - 2k_0 v_v)\sec\theta_v/v_h K_f\right]}{2\pi K_f(\omega_d - 2k_0 v_v)\sec\theta_v/v_h} \times$$

$$\left| \int_0^{\Delta\rho_i} J_0\left[\rho_i(\omega_d - 2k_0 v_v)\sec\theta_v/v_h\right]\rho_i d\rho_i \right|^2 \tag{6.43}$$

3. 服从正态分布的 IRC 谱密度估计

假设 IRC 谱密度函数服从正态分布

$$S_{R_i}(K_i, K_f) = \frac{3K_f^2 \exp\left[-\frac{3}{2}\left(\frac{K_i}{K_f}\right)^2\right]}{2\pi K_i^4} \qquad (6.44)$$

此时 FMCW 信号的接收功率谱密度表达式为

$$P(\omega_d) = \frac{A_r \eta_0 k_0^2 \Delta l^2 I_0^2 \sin^2(\Delta\theta)}{32\pi^4 H_0^2 \Delta\rho_i^4} Sa^2(k_B H') \times$$

$$\frac{3K_f^2 \exp\left[-\frac{3}{2}\left(\frac{(\omega_d - 2k_0 v_v)\sec\theta_v / v_h}{K_f}\right)^2\right]}{2\pi\left[(\omega_d - 2k_0 v_v)\sec\theta_v / v_h\right]^4} \times$$

$$\left|\int_0^{\Delta\rho_i} J_0\left[\rho_i(\omega_d - 2k_0 v_v)\sec\theta_v / v_h\right]\rho_i d\rho_i\right|^2 \qquad (6.45)$$

4. 基于 3 阶幂律谱的 IRC 谱密度估计

具有物理意义的电离层反射系数谱密度函数 $S_{R_i}(K_i, \omega_i)$ 也可根据 Budden[12] 提出的层状电离层模型推导出来。S_{R_i} 和一阶相位变化谱函数的谱密度之间的关系,在文献[10]中给出

$$S_{R_i}(\omega_i) = k_0\left[\delta(\omega_i) + S_{P_{C1}}(\omega_i) + \frac{S_{P_{C1}}^2(\omega_i)}{2!} + \cdots + \frac{S_{P_{C1}}^n(\omega_i)}{n!} + \cdots\right] \qquad (6.46)$$

式中　　P_{C1}——IRC 的一阶相位变化谱密度函数;

　　　　$S_{P_{C1}}$—— 信号谱密度函数。

HF 信号路径变化是由电离层等离子体中的小幅度不规则体扰动引起的。在某一固定高度,电离层总电子密度可表示为

$$N_e = N_{e0}(z) + N_{e1}(\boldsymbol{r}) \qquad (6.47)$$

式中　　$N_{e0}(z)$——0 阶寂静状态下电子密度(即背景电离层电子密度);

　　　　$N_{e1}(\boldsymbol{r})$——1 阶电离层不规则体电子密度。

建立空间坐标系,x 为正东向,y 为正北向,z 为垂直向下。对于高频电磁波垂直照射电离层不规则体的情况,P_{C1} 的谱密度函数可以表示为

$$S_{P_{C1}}(\kappa_x, \kappa_y, \omega_i) = \frac{4z_0 r_e^2 \lambda_0^2}{k_0}\log\frac{z_0}{z_0 - z_0'} S_{Ne1}(\kappa_x, \kappa_y, \kappa_z, \omega_i)\big|_{\kappa_z=0} \quad (6.48)$$

式中　　κ_x, κ_y—— 不规则体密度谱波数 $\boldsymbol{\kappa}$ 的水平方向分量;

　　　　λ_0—— 雷达信号的波长;

　　　　r_e—— 经典电子半径;

　　　　S_{Ne1}—— 电离层不规则体电子密度谱;

z_0——电离层不规则体厚度；

z'_0——发生全反射的电离层真实高度。

在实际情况中，高频电磁波在电离层中反射点处的相位会趋于无穷大（采用几何光学法），因此忽略反射点附近的相位贡献，在反射点以下 z'_0 的高度（在雷达波长的数量级上，即 $z_0 - z'_0 \approx \lambda_0$）进行路径积分，这是(6.48)中 log 项的由来。同时，时间变化完全归因于空间不规则体的漂移，即电离层的水平和垂直运动。对电离层 In－situ 探测研究表明，电子密度不规则体谱密度遵循幂律关系，这意味着 S_{Ne1} 是随 κ 的幂次变化。此处引入3次幂谱密度模型，并假设不规则体沿着地磁线排列，S_{Ne1} 的波动完全由不规则体的空间漂移引起，则有

$$S_{Ne1}(\kappa_x, \kappa_y, \omega_i) = \frac{8\pi^3 \kappa_0 \langle N_{el}^2 \rangle \delta(\kappa_{/\!/}) \delta(\omega_i - \boldsymbol{\kappa} \cdot \boldsymbol{v}_d)}{(\kappa_0^2 + \kappa_\perp^2)^{3/2}} \tag{6.49}$$

式中　　κ_0——不规则体"外部"尺度参数；

　　　　$\boldsymbol{\kappa}$——电离层不规则体密度谱波数；

　　　　$\kappa_{/\!/}$——$\boldsymbol{\kappa}$ 平行于地磁场方向的分量；

　　　　$\kappa_\perp$——$\boldsymbol{\kappa}$ 垂直于地磁场方向的分量；

　　　　$\boldsymbol{v}_d$——不规则体漂移速度，$\boldsymbol{v}_d = v_{dx}\hat{x} + v_{dy}\hat{y}$；

　　　　$\langle N_{el}^2 \rangle$——不规则体电子密度波动方差。

式(6.49)中有2个 δ 函数，第一个表示 $\kappa_{/\!/} = \kappa_y = 0$，这意味着不规则体沿着地磁场排列；第二个表示 $\omega_i = \boldsymbol{\kappa} \cdot \boldsymbol{v}_d = \kappa_x v_{dx}$，即 $\boldsymbol{\kappa} \perp \boldsymbol{B}$，其中 $\boldsymbol{B}$ 为地磁场。即只有不规则体垂直于地磁场运动时，才能产生 HF 雷达 Doppler ω_i 的变化。再引入不规则体沿雷达视线方向运动产生的多普勒频移，并联合式(6.46)～(6.49)，最终可得 FMCW 信号垂直向不规则体3阶谱密度模型下的接收功率表达式

$$P(\omega_d) = \frac{k_0^3 \eta_0 \Delta l^2 I_0^2 A_r \sin^2(\Delta\theta)}{32\pi^4 H_0^2 \Delta\rho_i^4} \left| \int_0^{\Delta\rho_i} J_0\left(\frac{\omega_d - 2k_0 v_v}{v_h} \rho_i\right) \rho_i \mathrm{d}\rho_i \right|^2 \times$$

$$Sa^2(k_B H') \left\{ 1 + \frac{4z_0 r_e^2 \lambda_0^2}{k_0} \log\frac{z_0}{z_0 - z'_0} \cdot \frac{8\pi^3 \kappa_0 \langle N_{el}^2 \rangle}{l_z \{\kappa_0^2 + [(\omega_d - 2k_0 v_v)/v_h]^2\}^{3/2}} + \cdots \right\} \tag{6.50}$$

式中　　κ_0——不规则体"外部"尺度参数；

　　　　l_z——地磁场单位向量 $\hat{I} = (l_x, l_y, l_z)$ 的分量，$l_z = \sin\alpha_I$，α_I 为当地磁倾角；

　　　　v_h——电离层不规则体水平漂移速度；

　　　　v_v——电离层不规则体垂直漂移速度。

从式(6.50)可以看到，雷达接收功率与电离层电子水平漂移速度、垂直漂移速度、电离层厚度、发生全反射高度以及不规则体电子密度波动方差等都有着

密切的关系。

5. 基于 4 阶幂律谱的 IRC 谱密度估计

依据各向异性介质中 HF 电波在电离层中的传播理论,电离层不规则体谱密度也可采用 4 次幂律模型[13]:

$$S_{N_{e1}}(\kappa,\omega_i,z) = \frac{4\sqrt{2\alpha}\,\pi^2\langle N_{e1}^2\rangle\kappa_0^{-3}}{1+\kappa_0^{-4}\,(\kappa_\perp^2+\alpha\kappa_\parallel^2)^2}\delta(|\omega_i|-\kappa_\perp\cdot v_d) \qquad (6.51)$$

式中 α —— 各向异性参数;

v_d —— 不规则体垂直于地磁线的漂移速度。

式(6.49)与式(6.51)同时表明,只有不规则体垂直于地磁线运动时,才能引发 HF 雷达 Doppler 的变化。由于 HFSWR 的接收天线一般为东西向线阵,因此由电离层不规则体引动的 1 阶相位谱函数为

$$S_{P_{C1}}(\kappa_x,\omega_i,z) = \frac{2b(z)\,|\omega_i|}{l_z v_d^2 \cdot \sqrt{\dfrac{\omega_i^2}{v_d^2}-\kappa_x^2}\cdot\left\{1+\kappa_0^{-4}\left[\kappa_x^2+(l_z^2+\alpha l_y^2)\dfrac{\dfrac{\omega_i^2}{v_d^2}-\kappa_x^2}{l_y^2}\right]^2\right\}}$$

$$(6.52)$$

$$b(z) = \frac{8\sqrt{2\alpha}\,\pi^3}{\kappa_0^3}\int_0^z\langle N_{e1}^2(z')\rangle\left(\frac{\partial\kappa_z}{\partial N}\right)^2 dz' = \frac{16\pi^2 E(\varphi_1^2)\,\sqrt{l_z^2+\alpha l_y^2}}{\kappa_0^2} \qquad (6.53)$$

式中 $E(\varphi_1^2)$ —— 不规则体引起的相位方差均值。

式(6.52)需满足的条件为

$$\omega_i > \kappa_x v_d \qquad (6.54)$$

于是可得到 FMCW 信号在各向异性介质中传播下时,基于不规则体 4 阶谱密度模型下的接收回波功率为

$$P(\omega_d) = \frac{k_0^3\eta_0\Delta l^2 I_0^2 A_r\,\sin^2(\Delta\theta)}{32\pi^4 H_0^2\Delta\rho_i^4}\left|\int_0^{\Delta\rho_i} J_0\left(\frac{\omega_d-2k_0 v_v}{v_h}\rho_i\right)\rho_i d\rho_i\right|^2 Sa^2(k_B H')\times$$

$$(1+\frac{4z_0 r_e^2\lambda_0^2}{k_0}\log\frac{z_0}{z_0-z'_0}\cdot$$

$$\frac{2b(z)\,|\omega_d|}{l_z v_d^2\cdot\sqrt{\dfrac{\omega_d^2}{v_d^2}-\kappa_x^2}\cdot\left\{1+\kappa_0^{-4}\left[\kappa_x^2+(l_z^2+\alpha l_y^2)\dfrac{\dfrac{\omega_d^2}{v_d^2}-\kappa_x^2}{l_y^2}\right]^2\right\}}+\cdots)$$

$$(6.55)$$

6.2.5　垂直向电离层模型仿真分析

1. 服从均匀分布的 IRC 谱密度仿真

图 6.3 是不规则体空间最小波长分别取 0.5 km、1 km、1.5 km 时,服从均匀分布的 IRC 谱密度函数(纵轴)与不规则体波长(横轴)的关系图。可见随着空间最小波长增加,不规则体谱密度函数呈现递增形态,并且电离层不规则体空间波长越大,反射系数谱密度功率就越大。这说明 IRC 谱密度与不规则体波长成正比。

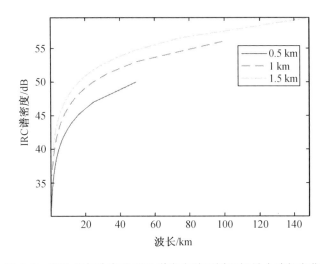

图 6.3　服从均匀分布的 IRC 谱密度随不同空间最小波长变化

表 6.1 为 HFSWR 垂直向电离层模型的主要仿真参数。如图 6.4 所示,纵轴为电离层回波与平均海杂波的强度比,横轴为 Doppler 频率。回波谱密度图呈现类似脉冲的振荡形态,这是由公式中的 0 阶 Bessel 函数的积分造成的。图 6.4(a)为不同雷达工作频率下的回波功率谱密度仿真图,从图可见随着工作频率升高,回波功率谱密度峰值逐渐增加,主瓣变宽,旁瓣显著抬高。图 6.4(b)为与 v_h 的夹角为 0°、30°、60°时回波功率谱密度变化情况,设定不规则体水平漂移速度为100 m/s,垂直向漂移速度为 0 m/s,不规则体空间最小波长为 1 km。可见随着夹角的增加,回波谱密度主瓣变窄,旁瓣随多普勒增加而明显下降的趋势,但峰值功率不变。图 6.4(c)与图 6.4(d)分别为不同电离层不规则体水平向与垂直向漂移速度的回波功率谱密度仿真图,不规则体空间最小波长等其余参数固定不变。可见随着水平漂移速度的增加,功率谱多普勒呈现明显的展宽,旁瓣呈抬高趋势;而垂直漂移速度不改变多普勒宽度及功率大小,仅会改变主峰位

置,这可能导致与海杂波 Bragg 峰发生重叠。图 6.4(e)为不同电离层不规则体半径的回波功率谱密度仿真图,可见随着不规则体半径的增加,功率谱峰值不变,而主瓣明显收窄,旁瓣下降。图 6.4(f)为不同电离层高度的回波功率谱密度仿真图,随着电离层高度的降低,回波谱密度峰值功率逐渐增大,而旁瓣多普勒呈现扩展加剧形态。图 6.4(f)为不同不规则体空间最小波长的回波功率谱密度仿真图,随着电离层不规则体空间最小波长增大,回波功率谱峰值功率增加,且伴随着多普勒展宽趋势。图 6.4(g)为不同天线垂直方向误差角度的回波功率谱密度仿真图,可见随着误差角的增大,回波峰值功率随之升高,多普勒出现展宽趋势。

表 6.1　垂直向电离层模型仿真参数

雷达频率/MHz	扫频周期/ms	扫频带宽/kHz	电离层夹角/(°)	电离层高度/km	不规则体半径/km	水平速度/(m·s⁻¹)
4.1	128	30	0	300	2.5	100

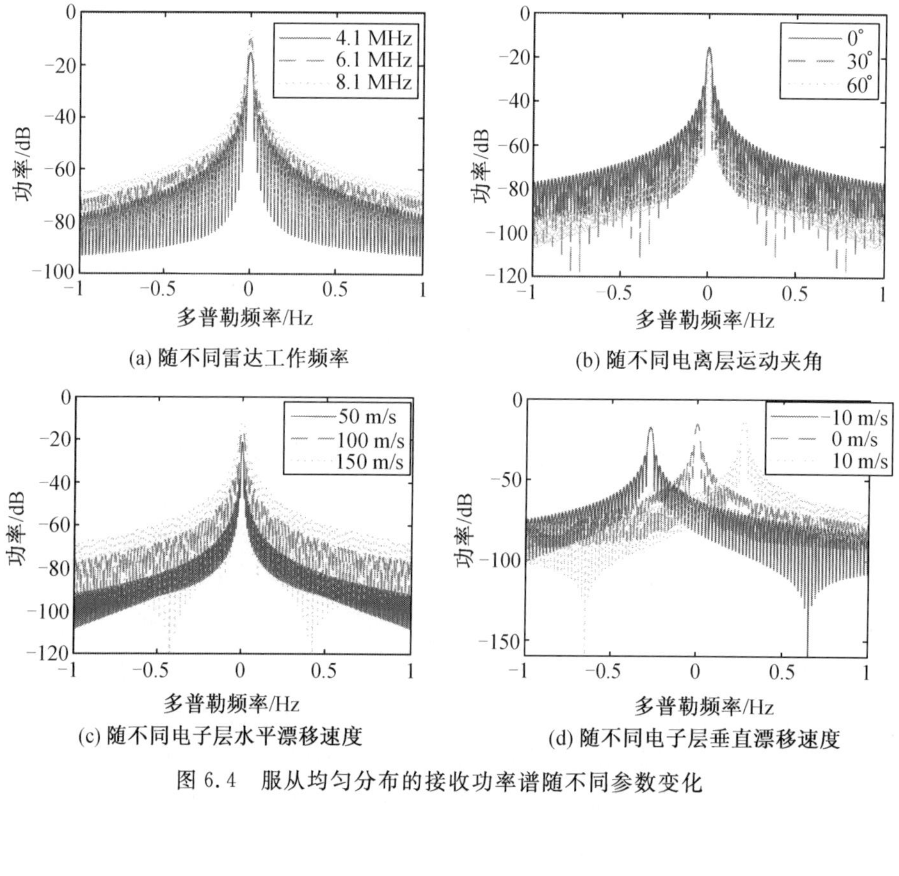

(a) 随不同雷达工作频率　　(b) 随不同电离层运动夹角
(c) 随不同电子层水平漂移速度　　(d) 随不同电子层垂直漂移速度

图 6.4　服从均匀分布的接收功率谱随不同参数变化

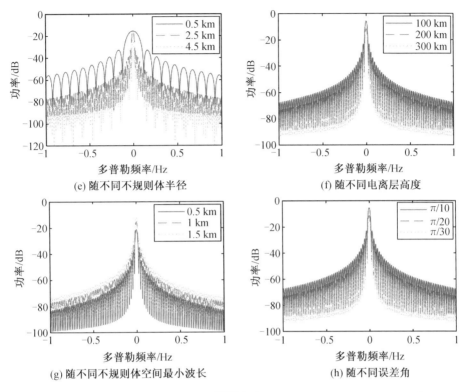

续图 6.4

　　综上所述,服从均匀分布时的接收功率谱峰值功率受影响的参数有雷达工作频率、不规则体空间波长、天线误差角及电离层反射高度等;影响多普勒主瓣宽度的参数有不规则体与电离层运动夹角、不规则体水平向运动速度以及不规则体半径等;影响多普勒展宽的参数有雷达工作频率、不规则体与电离层运动夹角、不规则体水平向运动速度、不规则体半径、不规则体空间波长、天线误差角及电离层反射高度等;影响多普勒主峰位置的参数为不规则体垂直向运动速度。

　　图 6.5 为服从均匀分布的 IRC 谱函数情况下 FMCW 信号回波功率谱的三维图形,其中不规则体水平漂移速度为 100 m/s,垂直向漂移速度为 10 m/s,不规则体空间最小波长 1 km,其余参数均如表 6.1 所示。可见该模型中电离层高度对回波功率谱密度的影响并不大,而多普勒影响甚大。多普勒主峰位置由垂直向电离层漂移速度决定,多普勒展宽由不规则体半径、水平向速度、空间波长、夹角以及天线参数等因素共同确定。在 HFSWR 信号处理中,主要依靠 Doppler 分辨探测检测目标,而电离层回波在距离域以及多普勒域无规则扩展严重抑制了 HFSWR 检测性能,因此除对天线妥善设计外,更应该重点研究电

离层众多参数的影响。

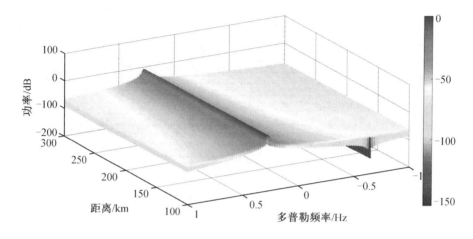

图 6.5　服从均匀分布的接收功率 3D 谱

2. 服从指数分布的功率谱密度估计

图 6.6 为不规则体空间最小波长分别取 0.5 km、1 km、1.5 km 时服从指数分布 IRC 谱密度与波长的关系图,图形与服从均匀分布 IRC 谱密度类似,反映出不规则体谱密度函数随空间波长增大而增大。

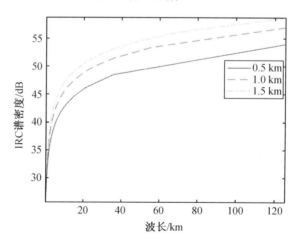

图 6.6　服从指数分布的 IRC 谱密度函数随不同空间最小波长变化

当 IRC 谱密度函数服从指数分布时,雷达工作频率、不规则体空间波长、不规则体水平运动速度以及不规则体半径等对回波谱密度的影响皆与均匀分布类似,因此不再赘述。图 6.7 为服从指数分布时的 IRC 谱函数下 FMCW 信号回波功率谱的二维 RD 图(背景添加了白噪声),电离层不规则体出现位置为 E、F 层,距离单元分别为 $130\sim170$ km、$200\sim300$ km,垂直向运动速度分别为 10 m/s 和 -10 m/s,不规则体空间最小波长为 1 km,不规则体半径为 2.5 km。

图 6.7　服从指数分布的接收功率 RD 仿真谱

3. 服从正态分布的功率谱密度估计

图 6.8 为不规则体空间最小波长分别取 0.5 km、1 km、1.5 km 时服从指数分布与正态分布的 IRC 谱密度与波长的关系图。其中的趋势与服从均匀分布、指数分布时的 IRC 谱密度相反,但差别不大。通过比较图 6.3、图 6.5、图 6.7 可以发现,服从正态分布的 IRC 谱密度明显高于服从均匀分布与指数分布的 IRC 谱密度,均匀分布与指数分布幅度较为相似。

图 6.9 为服从均匀分布、指数分布以及正态分布的 IRC 谱函数情况下 FMCW 信号回波功率谱的三维图,距离分别为 $100\sim150$ km、$200\sim240$ km、$260\sim300$ km,不规则体半径及最小空间波长分别为 1 km、2 km、3 km,水平向漂移速度分别为 200 m/s、100 m/s、50 m/s,垂直向漂移速度分别为 20 m/s、10 m/s、-10 m/s。可见电离层空间尺度以及水平向漂移速度会引起较大的多普勒单元扩展,而垂直向电离层漂移决定多普勒峰值所处位置。以仿真的雷达工作频率 4.1 MHz 为例,当电离层垂直向漂移速度为 ±7.5 m/s 时,电离层回波中心与海杂波一阶 Bragg 峰重叠。

4. 服从 3 阶空间谱的功率谱密度估计

表 6.2 为 3 阶空间谱密度电离层模型的主要仿真参数。为了研究电离层回波与海杂波功率谱密度强度的关系,此处使用了归一化后的电离层回波功率谱,即电离层回波与平均一阶海杂波功率比。这里使用平均一阶海杂波而非实际海

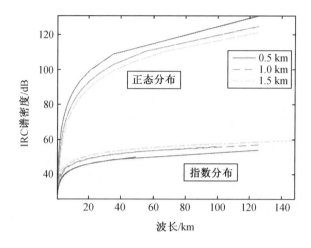

图 6.8　服从正态分布的 IRC 谱密度函数随不同空间最小波长变化

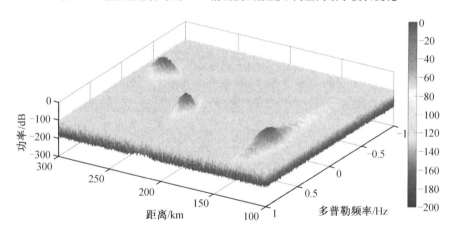

图 6.9　服从均匀分布、指数分布及正态分布的接收功率 RD 仿真谱

杂波,是因为后者具有两个尖锐的 Bragg 峰。

图 6.10 是对随机变量 $Sa^2(k_B H')$ 的仿真,此项是脉冲雷达与 FMCW 雷达接收回波功率主要差别。图 6.10(a)为 $Sa^2(k_B H')$ 期望的仿真,可见其极限值为 k 的倒数,这与式(6.30)相符。可见距离耦合越小,则电离层回波功率越大,反之亦然。图 6.10(b)为 $Sa^2(k_B H')$ 方差的仿真,其幅度分布与图 6.10(a)关系类似。结合此二图可以发现,当距离耦合较小时,电离层回波功率谱幅度较为集中;当电离层回波在距离单元扩展时,其功率谱幅值亦起伏波动较大。此时如果雷达相干积累时间过长,电离层回波不仅在距离域扩展,而且谱密度变化较大,则会增加电离层回波抑制的难度。

表 6.2　电离层 3 阶空间谱密度模型仿真参数

电子密度波动方差/m⁻⁶	电离层厚度/km	磁倾角/(°)	外尺度参数/m⁻¹	雷达频率/MHz	电子半径/m
10^{18}	50	30	10^{-4}	4.1	$2.8e^{-15}$

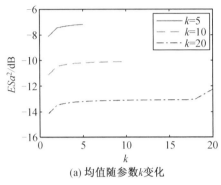 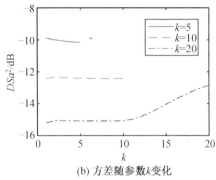

(a) 均值随参数 k 变化　　　　　　(b) 方差随参数 k 变化

图 6.10　$Sa^2(k_B H')$ 函数随参数 k 变化

　　图 6.11(a)、(b)为参数 $k=2$、$k=10$ 时脉冲信号与 FMCW 信号电离层回波功率谱仿真比较,可见 FMCW 信号回波幅度比脉冲信号电离层回波低,多普勒宽度变窄。而这一差别是由随机函数 $Sa^2(k_B H')$ 造成的。图 6.11(c)为参数 $k=2$、$k=5$ 和 $k=10$ 时 FMCW 接收功率谱比较图,随着 k 的增加,FMCW 电离层回波多普勒宽度随之收窄,幅度随之降低。这也与图 6.10 相符。

　　图 6.11(d)为不同电离层厚度时的回波功率谱密度仿真图,随着电离层厚度增加,回波功率谱峰值随之升高,多普勒随之展宽。图 6.11(e)为不同电子密度波动方差时的回波功率谱密度仿真图,与其他仿真参数改变时不同的是,当电子密度波动增加时,整个幅值皆随电子密度波动增大而抬高,多普勒严重展宽。这意味着当不规则体电子密度剧烈变化时,会在 HFSWR 的 RD 谱上产生高强度、大范围的电离层回波,从而遮盖目标,降低雷达探测性能。图 6.11(f)为不同磁倾角时的回波功率谱密度仿真图,分别为赤道地区 $\sin \alpha_I = 0.1$(由于 $\alpha_I = 0$ 会导致分母为零,因此取 0.1 代表赤道地区),中纬度地区 $\sin \alpha_I = 0.5$,极区 $\sin \alpha_I = 1$。可见随着磁倾角的减小,回波功率呈现增加趋势,多普勒也趋于展宽。

　　图 6.11(g)与图 6.11(h)分别为不同电离层不规则体水平向与垂直向漂移速度的回波功率谱密度仿真图,其余参数固定不变。可见水平向漂移速度增加会导致多普勒明显展宽,而峰值功率不变;垂直向漂移速度仅改变多普勒峰值位置,此特点与 IRC 谱函数服从均匀分布、指数分布及正态分布时相同。

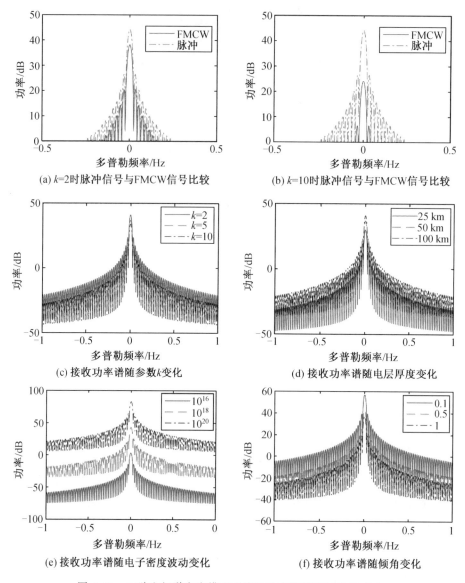

(a) $k=2$时脉冲信号与FMCW信号比较

(b) $k=10$时脉冲信号与FMCW信号比较

(c) 接收功率谱随参数k变化

(d) 接收功率谱随电层厚度变化

(e) 接收功率谱随电子密度波动变化

(f) 接收功率谱随倾角变化

图 6.11 三阶空间谱密度模型下接收功率谱随不同参数变化

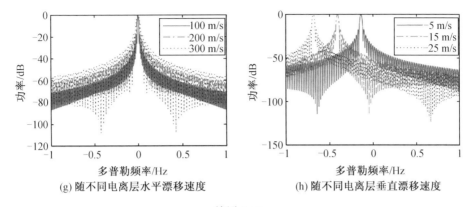

(g) 随不同电离层水平漂移速度　　　　　(h) 随不同电离层垂直漂移速度

续图 6.11

综上所述,除了在前面 1 中分析过的雷达频率、电离层高度、不规则体半径等对回波功率谱影响的因素外,参数 k 增加,电离层厚度增加、电子密度波动增加以及磁倾角减小等均会导致功率谱峰值升高,其中以电子密度波动造成的影响最为显著。

图 6.12 为服从三阶空间谱函数 IRC 下 FMCW 信号回波功率谱的仿真图(已添加背景白噪声),距离分别为 $100\sim150$ km、$200\sim240$ km、$260\sim300$ km;电离层厚度分别为 25 km、50 km、100 km;电子密度波动方差分别为 10^{16} m^{-6}、10^{18} m^{-6}、10^{20} m^{-6};垂直向漂移速度分别为 20 m/s、10 m/s、-10 m/s(仿真参数的取法是根据图 6.11,使得总回波功率谱依次从小到大的原则),$k=5$,不规则体水平漂移速度为 100 m/s,其余参数不变。图中可见除垂直向电离层漂移决定多普勒峰值所处位置外,电离层厚度与电子密度波动均会对回波功率谱在距离—多普勒单元造成不同程度的展宽。

5. 服从 4 阶相位谱的功率谱密度估计

图 6.13(a)为不同相位方差情况下 FMCW 回波功率谱仿真图,从图可见,随着电离层不规则体所引发的相位波动增大,回波功率谱峰值功率会急剧增加,Doppler 呈现严重展宽形态。从式(6.53)可以看出,相位方差为不规则体电子密度起伏的积分,因此当电离层不规则体电子密度起伏剧烈时,电磁波相位会剧烈变化,因此会在雷达 RD 谱中呈现 Doppler 单元扩展。图 6.13(b)为不同磁倾角情况下 FMCW 回波功率谱仿真图,从图可见,从高纬极区到中纬度、再到低纬度,回波功率谱峰值功率呈逐渐升高,且伴随着 Doppler 单元的扩展趋势。

图 6.14 为服从四阶空间谱函数 IRC 下 FMCW 信号回波功率谱的仿真图(已添加背景白噪声),距离分别为 $100\sim150$ km、$200\sim240$ km、$260\sim300$ km;电离层厚度分别为 25 km、50 km、100 km;相位方差分别为 10^2、10^3、10^4;磁倾

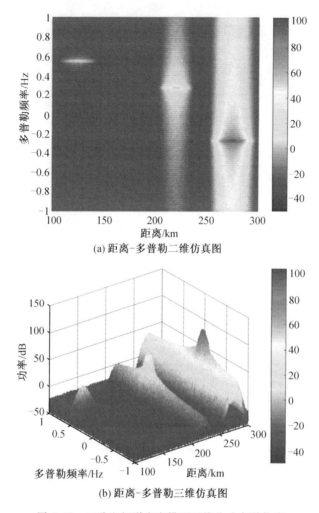

(a) 距离-多普勒二维仿真图

(b) 距离-多普勒三维仿真图

图 6.12　三阶空间谱密度模型下接收功率谱仿真

角分别为 90°、60°、30°(仿真参数的取法是根据图 6.12,使得总回波功率谱依次从小到大的原则),垂直向漂移速度分别为 20 m/s、10 m/s、-10 m/s,$k=5$,不规则体水平漂移速度为 100 m/s,其余参数不变。图中可见除垂直向电离层漂移决定多普勒峰值所处位置外,相位方差与磁倾角均会对回波功率谱在距离—Doppler 单元造成不同程度的展宽影响。与三阶空间谱函数 IRC 下 FMCW 信号回波功率谱比较,四阶空间谱函数下回波功率幅度值较低,多普勒扩展相对较窄。

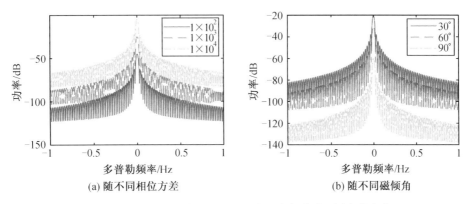

(a) 随不同相位方差　　　　　　　　　(b) 随不同磁倾角

图 6.13　四阶空间谱密度模型下接收功率谱随不同参数变化

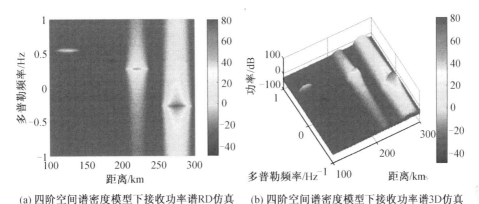

(a) 四阶空间谱密度模型下接收功率谱RD仿真　　(b) 四阶空间谱密度模型下接收功率谱3D仿真

图 6.14　四阶空间谱密度模型下接收功率谱仿真

6.3　FMCW 信号斜向天波路径电离层回波模型

6.3.1　FMCW 信号斜向散射回波功率谱推导

图 6.15 为雷达信号斜向电离层不规则体散射空间几何图。假定垂直偶极子源放置于 $z=0$ 处,电离层是高度为 $z=H/2$ 的反射平面,将在 $z=H$ 处具有垂直的镜像源。与 6.2 节垂直入射情况不同的是,此处设定射线仰角为 θ_i,则点 $P(x,y,0)$ 处接收电场方程为

$$E_R = jC_0 \sin \theta_i R_{iA} \frac{e^{-jk2R}}{8\pi R} \qquad (6.56)$$

式中　R——原点到电离层处的距离。

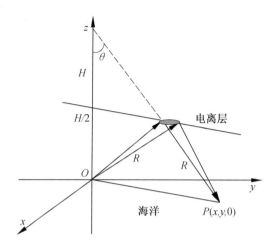

图 6.15　斜向电离层回波散射几何图

当 $P(x,y,0)$ 点与原点重合时（收发一体时），即为斜向天波路径 0.5 跳（后向散射）情形。仿照 6.2 节的方法，可以得到单基地雷达下时域电场方程为

$$E_R(t)=\frac{\sin\theta_i}{4\pi^2 R\Delta\rho_i^2}\sum_{K_i}P_{K_i}\int_0^{\Delta\rho_i}J_0(K_i\rho_i)\rho_i\mathrm{d}\rho_i\times\left[\mathscr{F}_t^{-1}(\mathrm{j}C_0)\overset{t}{*}\delta\left(t-\frac{2R}{C}\right)\right]$$

(6.57)

解调后的电场方程为

$$E_R^D(t)=\frac{\mathrm{j}k_0\eta_0\Delta lI_0\sin\theta_i}{4\pi^2 R\Delta\rho_i^2}\mathrm{e}^{-\mathrm{j}\left(\frac{4\pi\alpha R^2}{c^2}-2k_0R\right)}\mathrm{e}^{\mathrm{j}\frac{4\pi\alpha R}{c}t}\sum_{K_i}P_{K_i}\int_0^{\Delta\rho_i}J_0(K_i\rho_i)\rho_i\mathrm{d}\rho_i\times$$

$$\left[h\left(t+\frac{T_r}{2}-\frac{2R}{c}\right)-h\left(t-\frac{T_r}{2}-\frac{2R}{c}\right)\right]$$

(6.58)

对于 FMCW，需对电场方程关于时间 t 进行 Fourier 变换以获取差频。式 (6.58) 中只有最后两项是 t 的函数，其 Fourier 变换为

$$\mathscr{F}\left\{\mathrm{e}^{\mathrm{j}\frac{4\pi\alpha R}{c}t}\left[h\left(t+\frac{T_r}{2}-\frac{2R}{c}\right)-h\left(t-\frac{T_r}{2}-\frac{2R}{c}\right)\right]\right\}$$

$$=\int_{\frac{2R}{c}-\frac{T_r}{2}}^{\frac{2R}{c}+\frac{T_r}{2}}\mathrm{e}^{\mathrm{j}\frac{4\pi\alpha R}{c}t}\mathrm{e}^{-\mathrm{j}\omega t}\mathrm{d}t=T_r\mathrm{e}^{\mathrm{j}(\frac{4\pi\alpha R}{c}-\omega)\frac{2R}{c}}Sa\left[\frac{T_r}{2}\left(\omega-\frac{4\pi\alpha R}{c}\right)\right]$$

(6.59)

式中　$Sa(\cdot)$——采样函数，$Sa(\cdot)=\sin x/x$。

将式(6.59)代入式(6.58)可得 FMCW 信号的频域电场表达式为

$$E_R^D(\omega_r)=\frac{\mathrm{j}k_0\eta_0\Delta lI_0\sin\theta_i}{4\pi^2 R_0\Delta\rho_i^2}\mathrm{e}^{-\mathrm{j}\left(\frac{4\pi\alpha R^2}{c^2}\right)}\sum_{K_i}P_{K_i}\int_0^{\Delta\rho_i}J_0(K_i\rho_i)\rho_i\mathrm{d}\rho_i\times$$

$$T_r\mathrm{e}^{\mathrm{j}(\frac{4\pi\alpha R}{c})}\frac{2R}{c}Sa\left[\frac{T_r}{2}\left(\omega-\frac{4\pi\alpha R}{c}\right)\right]$$

(6.60)

对于给定的 ω_r，必然有对应的总时延 Δt，即处于电离层不规则体与雷达之间的总时延。于是雷达可见电离层反射距离 R_0 及距离分辨率 ΔR 定义为

$$R_0 = \frac{c\Delta t}{2} = \frac{c\omega_r}{4\pi\alpha}, \quad \Delta R = \frac{c}{2B} \tag{6.61}$$

另外定义

$$k_B = \frac{2\pi B}{c}, \quad k_r = \frac{\omega_r}{c}, \quad R' = R - R_0 \tag{6.62}$$

基于如上定义，$Sa(\cdot)$ 中的变量可以化简为

$$\frac{T_r}{2}\left(\omega_r - \frac{4\pi\alpha R}{c}\right) = \frac{2\pi B}{c}(R - R_0) = k_B R' \tag{6.63}$$

仿照 6.2 节的方法，定义电离层回波在距离单元间耦合效应为

$$\Delta r = \frac{\Delta R}{2}, \Delta H_a, \cdots \frac{k\Delta R}{2}\cdots, \quad k = 1, 2, \cdots \tag{6.64}$$

于是对于 FMCW 信号的垂直向接收电场方程可以得到

$$E_R^D(\omega_r) = \frac{jk_0\eta_0\Delta lI_0\sin\theta_iT_r}{4\pi^2R_0\Delta\rho_i^2}e^{-j2(k_0+k_r)R}e^{j\frac{4\pi\alpha R^2}{c^2}} \times$$

$$\sum_{K_i}P_{K_i}\int_0^{\Delta\rho_i}J_0(K_i\rho_i)\rho_i\mathrm{d}\rho_i \times Sa(k_BR') \tag{6.65}$$

最终可以得到后向散射天波路径下 FMCW 信号回波谱密度表达式为

$$P(\omega_d) = \mathscr{F}\{R(\tau)\} = \frac{A_r\eta_0k_0^2\Delta l^2I_0^2\sin^2\theta_i}{32\pi^4R_0^2\Delta\rho_i^4}\int_{K_i}\int_{\omega_i}S_{R_i}(K_i, \omega_i) \times$$

$$\left|\int_0^{\Delta\rho_i}J_0(K_i\rho_i)\rho_i\mathrm{d}\rho_i\right|^2Sa^2(k_BR')\delta(\omega_d - \omega_i)\mathrm{d}K_i\mathrm{d}\omega_i \tag{6.66}$$

对于电离层反射系数谱密度函数 $S_{R_i}(K_i, \omega_i)$ 服从均匀分布、指数分布及正态分布时的情况，只需要将其代入式(6.66)即可，故不再赘述。但基于等离子不规则体物理机制对谱密度函数 $S_{R_i}(K_i, \omega_i)$ 估计需要重新推导，因为斜射与垂射条件下，不规则体相位功率谱不同。

6.3.2　中纬度地区 HF 雷达斜向散射传播建模

文献[9] 已经基于几何光学法对垂直向和极区斜向 HF 电波入射时的电离层不规则体相位谱密度函数完成推导，将其应用到 HFSFW 和 OTH 雷达中。而我国 HFSWR 一般都布置于中低纬地区(地理纬度)，目前尚无适用于中纬度斜向天波路径下的不规则体相位谱密度。本节在 Ravan 的极区斜射不规则体相谱密度模型基础上，通过坐标系的两次旋转，推导出适应于任何中纬度的电离层不规则体相位谱密度模型，从而原有的极区模型成为本模型的特例。

1. 基于几何光学法的电离层后向散射建模

考虑在电离层底部存在着不规则体,当 HFSWR 波束照射不规则体时,其折射指数 n 可表示为

$$n^2 = \frac{c^2 k^2}{\omega^2} = 1 - \frac{\omega_p^2}{\omega^2} \qquad (6.67)$$

式中　　c——光速;

　　　　k——雷达波数;

　　　　ω——雷达工作频率;

　　　　ω_p——电离层等离子体频率,可表示为

$$\omega_p^2 = \frac{e^2 N}{\varepsilon_0 m} \qquad (6.68)$$

式中　　e——电子所带电荷;

　　　　N——单位体积内电子密度;

　　　　ε_0——介电常数;

　　　　m——电子质量。

假设电离层为层型结构,电子密度与高度呈线性关系,与水平方向无关,即

$$\omega_p^2 = \omega^2 \frac{z}{z_0} \qquad (6.69)$$

由式(6.67)可以得到

$$n^2 = 1 - \frac{z}{z_0} \qquad (6.70)$$

定义高频电磁波入射电离层处为 $z = 0$,在 $z = z_0$ 处发生全反射。建立笛卡儿坐标系,x 为正东,y 为正北,z 为垂直方向,则雷达波数的坐标可表示为

$$k_x = k\sin\theta\cos\varphi \qquad (6.71)$$

$$k_y = k\sin\theta\sin\varphi \qquad (6.72)$$

$$k_z = k\cos\theta \qquad (6.73)$$

式中　　θ——波束与 z 轴所成俯仰角;

　　　　φ——波束与 x 轴所成方位角。

不失一般性,固定 z 轴,旋转 x、y 轴使 x 轴指向地磁场正东,y 轴指向地磁场正北。假设电离层电子密度分布只与 z 相关,则波数的水平分量 (k_x, k_y) 在电离层任意高度仍为常数。在自由空间中 $(z = 0)$ 时,有

$$\begin{pmatrix} k'_x \\ k'_y \end{pmatrix} = \begin{pmatrix} \cos\alpha_D & \sin\alpha_D \\ -\sin\alpha_D & \cos\alpha_D \end{pmatrix} \begin{pmatrix} k_x \\ k_y \end{pmatrix} \qquad (6.74)$$

于是电离层中 k'_z 可表示为

$$k'_z = k^2 - k'^2_x - k'^2_y = \frac{\omega}{c}\sqrt{\cos^2\theta - \frac{z}{z_0}} \tag{6.75}$$

在 xOy 面定义距离 ρ 满足

$$\rho = \sqrt{x^2 + y^2} \tag{6.76}$$

则 HF 电波在电离层中轨迹的斜率可表示为

$$\frac{\mathrm{d}z}{\mathrm{d}\rho} = \frac{k'_z}{\sqrt{k'^2_x + k'^2_y}} = \pm\sqrt{\cot^2\theta - \frac{z}{z_0}\csc^2\theta} \tag{6.77}$$

对式(6.77)使用分离变量法积分可得

$$\frac{z}{z_0} = -\frac{1}{4}\csc^2\theta\left(\frac{\rho}{z_0}\right)^2 + \cos^2\theta \tag{6.78}$$

可见电离层中的射线轨迹为抛物型,全反射发生在抛物线顶点 $(x,y) = (0, 0)$ 处。此时有

$$z = z_0\cos^2\theta \tag{6.79}$$

由于

$$0 \leqslant z \leqslant z_0\cos^2\theta \tag{6.80}$$

于是有

$$0 \leqslant \rho \leqslant z_0\left|\sin 2\theta\right| \tag{6.81}$$

电离层不规则体对信号相位的一阶扰动可表示为

$$\varphi_1 = 2\int_{s_0}^{s_1} N(r)\frac{\partial k(r)}{\partial N}\mathrm{d}s \tag{6.82}$$

式中　　r——射线轨迹上任一点 (x,y,z);

　　　　s_0——雷达脉冲入射电离层时射线位置;

　　　　s_1——雷达脉冲在电离层中发生全反射位置。

从式(6.67)~(6.69)得

$$\frac{\partial k(r)}{\partial N} = -\frac{e^2}{2\varepsilon_0 m\omega c\sqrt{1 - z/z_0}} \tag{6.83}$$

另外 $\mathrm{d}s$ 可表示为

$$\mathrm{d}s = \mathrm{d}\rho\sqrt{1 + \left(\frac{\mathrm{d}z}{\mathrm{d}\rho}\right)^2} = \frac{\sqrt{1 - z/z_0}}{\sin\theta}\mathrm{d}\rho \tag{6.84}$$

此处需要注意的是当 $\theta \to 0$ 时,$\mathrm{d}s \to 0$,即 $\mathrm{d}\rho \sim \sin\theta$。否则式(6.78)会趋于无穷大。

联合式(6.82)~(6.84)可得

$$\varphi_1 = -2r_e\lambda\csc\theta\int_{\rho_0}^{\rho_1} N_1(r)\mathrm{d}\rho \tag{6.85}$$

式中　　r_e——电子半径;

ρ_0—— 雷达脉冲入射电离层时在 xOy 面球面距离；

ρ_1—— 雷达脉冲在电离层中发生全反射 xOy 面球面距离。

则关于 x、y、t 的相位自相关函数可表示为

$$R_{\varphi_1}(X,Y,T)=4\,(r_e\lambda\csc\theta)^2\int_{\rho_0}^{\rho_1}\int_{\rho_0}^{\rho_1}R_{n_1}(X+x-x',Y+y-y',z-z',T)\mathrm{d}\rho\mathrm{d}\rho'$$

$$(6.86)$$

由于极区电离层近似满足以下两个条件：

(1) 地磁线与地面垂直。这意味着沿地磁线排列的电离层不规则体在 z 轴，于是 R_{n_1} 对 z 的积分部分可以忽略。

(2) 此时 R_{n_1} 可视为关于 z 轴对称，则可旋转 x、y 轴，使其沿地磁南北向传播方向进行积分，则 R_{n_1} 在 x 轴分量为 0，只剩 y 轴分量。

经过以上坐标变换后，则式(6.86)可化为

$$R_{\varphi_1}(X,Y,T)=4\,(r_e\lambda\csc\theta)^2\int_{y_0}^{y_1}\int_{y_0}^{y_1}R_{n_1}(X,Y+y-y',T)\mathrm{d}y\mathrm{d}y' \quad(6.87)$$

于是相位谱密度函数可表示为

$$S_{\varphi_1}(\kappa_x,\kappa_y,\omega)=\iiint R_{n_1}(X,Y+y-y',T)\mathrm{e}^{\mathrm{i}\omega T-\mathrm{i}\kappa_x X-\mathrm{i}\kappa_y Y}\mathrm{d}X\mathrm{d}Y\mathrm{d}T$$

$$=4(r_e\lambda\csc\theta)^2 S_{n_1}(\kappa_x,\kappa_y,\omega)\int_{y_0}^{y_1}\int_{y_0}^{y_1}\mathrm{e}^{\mathrm{i}\kappa_x(y-y')}\mathrm{d}y\mathrm{d}y'$$

$$\approx 8\pi\,|y_1-y_0|\,(r_e\lambda\csc\theta)^2 S_{n_1}(\kappa_x,\kappa_y,\omega)\delta(\kappa_y) \quad(6.88)$$

但对于中纬度地区，由于磁倾角影响，地磁线并非如 z 轴般与地面垂直，如果直接套用该相谱密度模型会产生较大偏差，因此我们将坐标轴进行两次旋转，一次旋转使 z 轴与地磁线重合以消除 z 分量，一次旋转使 x 轴指向地磁正东以消除 x 轴分量，y 轴指向地磁正北。以下为该思想的数学推导。

2. 中纬地区 HF 电离层后向散射建模

记 HF 雷达所在地的磁偏角 α_D，磁倾角为 α_I，如图 6.16 所示。

射线轨迹任一点坐标在常规地理坐标系下为 $X_1=(x_1,y_1,z_1)$，如上节所定义。现固定 z 轴，旋转 x_1、y_1 轴角度 α_D 变换到地磁线坐标系，x_1 轴指向地磁场正东，y_1 轴指向地磁场正北，记为 X_2，则

$$X_2=\begin{bmatrix}\cos\alpha_D & \sin\alpha_D & 0\\ -\sin\alpha_D & \cos\alpha_D & 0\\ 0 & 0 & 1\end{bmatrix}X_1 \quad(6.89)$$

再固定 x_1 轴(垂直于地磁面)，旋转 y_1、z_1 轴角度 $\pi/2-\alpha_I$，使 z_2 轴与地磁线重合。记为 X_3，则

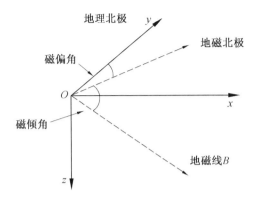

图 6.16　中纬度地磁场几何图

$$X_3 = \begin{bmatrix} 1 & 0 & 0 \\ 0 & \sin \alpha_I & \cos \alpha_I \\ 0 & -\cos \alpha_I & \sin \alpha_I \end{bmatrix} X_2 \tag{6.90}$$

于是有

$$y_3 = -\sin \alpha_I \sin \alpha_D x_1 + \sin \alpha_I \cos \alpha_D y_1 + \cos \alpha_I z_1 \tag{6.91}$$

在我国东南沿海地区,磁偏角 α_D 通常接近于零,在此忽略可得近似表达式

$$y_3 \approx \sin \alpha_I y_1 + \cos \alpha_I z_1 \tag{6.92}$$

于是式(6.88)可表示为

$$S_{\varphi_1}(\kappa_x, \kappa_y, \omega) = 8\pi(-\sin \alpha_I \sin \alpha_D \mid x_1 - x_0 \mid + \sin \alpha_I \cos \alpha_D \mid y_1 - y_0 \mid +$$
$$\cos \alpha_I \mid z_1 - 0 \mid) \times (r_e \lambda \csc \theta)^2 S_{n_1}(\kappa_x, \kappa_y, \omega)\delta(\kappa_y)$$
$$\approx 8\pi(\sin \alpha_I \mid y_1 - y_0 \mid + \cos \alpha_I \mid z_1 \mid)(r_e \lambda \csc \theta)^2 S_{n_1}(\kappa_x, \kappa_y, \omega)\delta(\kappa_y) \tag{6.93}$$

定义

$$L = \sin \alpha_I \mid y_1 - y_0 \mid + \cos \alpha_I \mid z_1 \mid \tag{6.94}$$

在极区, $\alpha_I = \pi/2$,于是有

$$L = \mid y_1 - y_0 \mid \tag{6.95}$$

这就是文献[9]的结果,此时成为本书的特例。由式(6.79)~(6.81),可得

$$L \approx z_0(\sin \alpha_I \sin 2\theta + \cos \alpha_I \cos^2 \theta) \tag{6.96}$$

引入 6.2.5 节中的三阶电子密度谱函数 $S_{n_1}(\kappa_x, \kappa_y, \omega)$,这样就得到了中纬地区倾斜入射后向散射时的相位谱函数表达式为

$$S_{\varphi_1}(\kappa_x, \kappa_y, \omega) = 32\pi^3 \kappa_0 z_0 (r_e \lambda \csc \theta)^2 \langle N_{e1}^2 \rangle \delta(\kappa_y)\delta(\omega - \kappa_x v_{dx} - 2k_0 v_{dy}) \times$$
$$\frac{[\sin 2\theta \sin \alpha_I(\cos \alpha_D - \sin \alpha_D) + \cos^2 \theta \cos \alpha_I]}{(\kappa_0^2 + \kappa_x^2)^{3/2}} \tag{6.97}$$

式中　　v_{dx}——不规则体水平面内垂直于雷达波束指向的漂移速度；

　　　　v_{dy}——不规则体水平面内平行于雷达波束指向的漂移速度。

由不规则体散射几何图，可知

$$v_{dx} = v_h \cos\theta + v_v \sin\theta \tag{6.98}$$

$$v_{dy} = v_h \sin\theta + v_v \cos\theta \tag{6.99}$$

将式(6.97)～(6.99)代入式(6.66)，最终可得 FMCW 信号在几何光学法下斜向散射电离层回波功率谱

$$P_o(\omega_r, \omega_d) = \frac{k_0^3 \eta_0 \Delta l^2 I_0^2 A_r \sin^2\theta}{32\pi^4 R_0^2 \Delta\rho_i^4} Sa^2(k_B R') \times$$

$$\left| \int_0^{\Delta\rho_i} J_0\left(\frac{\omega_d - 2k_0(v_h \sin\theta + v_v \cos\theta)}{v_h \cos\theta + v_v \sin\theta} \rho_i \right) \rho_i d\rho_i \right|^2 \times$$

$$\left(1 + \frac{32\pi^3 \kappa_0 (r_e \lambda_0 \csc\theta_i)^2 \langle N_{e1}^2 \rangle (\sin 2\theta \sin\alpha_I (\cos\alpha_D - \sin\alpha_D) + \cos^2\theta\cos\alpha_I)}{k_0 \left(\kappa_0^2 + \left(\frac{\omega_d - 2k_0(v_h \sin\theta + v_v \cos\theta)}{v_h \cos\theta + v_v \sin\theta} \right)^2 \right)^{3/2}} + \cdots \right|$$

$$\tag{6.100}$$

6.3.3　中纬度斜向天波路径电离层模型仿真分析

本节主要仿真参数如表 6.3 所示。地点为山东省威海市(38°N，122°E)，磁倾角为 55°，磁偏角为 $-7°$；电离层不规则体水平向漂移速度设为 50 m/s；不规则体垂直向漂移速度分别为 -15 m/s、-5 m/s、5 m/s。

表 6.3　中纬度电离层不规则体后向散射仿真参数

电子密度波动方差/m^{-6}	电离层厚度/km	磁倾角/(°)	外尺度参数/m^{-1}	雷达频率/MHz	电子半径/m
10^{18}	50	55	10^{-4}	4.1	2.8×10^{-15}

图 6.17 为 HF 电波在电离层的水平传播距离 L 随不同入射角和磁倾角的变化图(磁倾角 $\alpha_I = 0°$ 代表赤道，磁倾角 $\alpha_I = 90°$ 代表极区)。从图可见，L 不仅与入射角有关，还与磁倾角相关。在中低纬地区，入射角 30° 和 60° 对应的 L 相差约 30 km。这说明在 HFSWR 电离层建模中需要考虑所在地的地磁状况。

图 6.18(a)为采用三阶空间谱的 IRC 谱密度函数下 FMCW 信号天波路径回波功率谱随不同入射角的仿真图，不规则体空间最小波长为 1 km。从图可见，不同不规则体漂移速度不仅有不同的 Doppler 频移，还有不同的峰值功率，入射角 60° 与 45° 对应的电离层回波峰值功率相差大约 17 dB。这与垂直向电离层模型不同入射角只改变 Doppler 频移不同。图 6.18(b)为不同磁倾角时的回波功率谱密度仿真图，分别为赤道地区($\alpha_I = 0°$)、中纬度地区($\alpha_I = \pi/4$)与极区

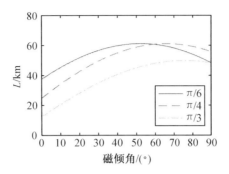

图 6.17　L 随不同入射角的变化

$(\alpha_1 = \pi/2)$。可见从极区到赤道，回波功率呈现递增趋势。

　　图 6.18(c)为电离层距离分别为 100 km、200 km、300 km 时的回波功率谱密度仿真图，可见回波功率与电离层距离成正比。图 6.18(d)为不规则体半径分别为 0.5 km、1.5 km、2.5 km 时的回波功率谱密度仿真图，可见随着不规则体半径减小，电离层回波 Doppler 单元急剧展宽。图 6.18(e)为电子密度波动方差分别为 10^{16} m^{-6}、10^{18} m^{-6}、10^{20} m^{-6} 时的回波功率谱密度仿真图，可见电子密度波动幅度越剧烈，电离层回波功率越大。图 6.18(f)为雷达工作频率分别为 4.1 MHz、7.1 MHz、10.1 MHz 时的回波功率谱密度仿真图，可见低频较高频时的电离层回波强度更高。

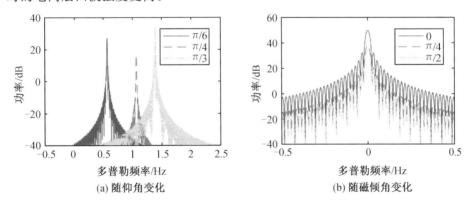

图 6.18　FMCW 信号斜向散射回波功率谱随参数变化

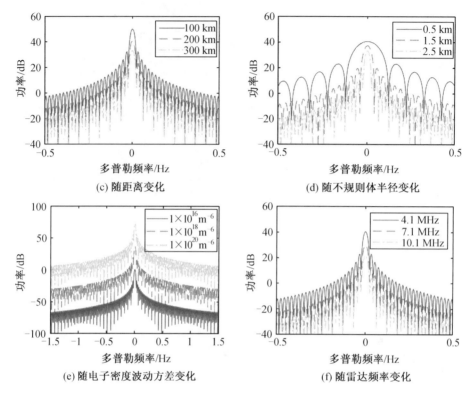

续图 6.18

综上所述,近距离、低频、小的不规则体半径以及剧烈电子密度波动会产生更强的回波功率,其中以电子密度波动对电离层回波峰值功率影响最大;不规则体半径对 Doppler 展宽影响最大。

图 6.19 为 FMCW 信号后向散射回波功率谱的仿真图(已添加背景白噪声),地点为山东威海,距离分别为 $100 \sim 150$ km、$225 \sim 275$ km、$250 \sim 300$ km;仰角分别为 $30°$、$45°$、$60°$;不规则半径分别为 0.5 km、1.5 km、2.5 km;电子密度波动方差分别为 10^{16} m^{-6}、10^{18} m^{-6}、10^{20} m^{-6};电离层不规则体垂直向漂移速度分别为 -5 m/s、-10 m/s、5 m/s;不规则体水平向漂移速度分别为 50 m/s、75 m/s、100 m/s;$k=5$;其余参数不变(仿真参数的取法是根据图 6.18,使得总回波功率谱依次增大的原则)。图中可见电离层漂移速度及入射角共同决定多普勒峰值中心位置,回波功率大小依次增加,Doppler 单元依次展宽。

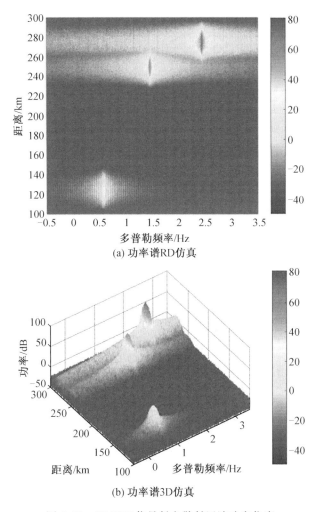

(a) 功率谱RD仿真

(b) 功率谱3D仿真

图 6.19　FMCW 信号斜向散射回波功率仿真

6.4　实验结果分析

6.4.1　FMPCW 信号分析

　　6.2 节和 6.3 节已经完成了 FMCW 信号在垂直向和倾斜后向散射电离层模型的理论推导，而当前 HFSWR 实际系统大多采用 FMPCW 信号或相位编码信号，以解决收发共址问题。下面对 FMPCW 信号进行建模分析。

　　FMPCW 信号的时频特征如图 6.20 所示，单个扫频周期内 FMPCW 信号

的复数形式为

$$i(t) = \sum_{n=0}^{p} I_0 e^{j(\omega_0 t + a\pi t^2)} \left[h(t - nT_{pp} + \frac{T_{pw}}{2}) - h(t - nT_{pp} - \frac{T_{pw}}{2}) \right]$$

$$(6.101)$$

式中　　p——单个调频周期内脉冲个数；

　　　　T_{pp}——脉冲重复周期；

　　　　T_{pw}——脉冲宽度。

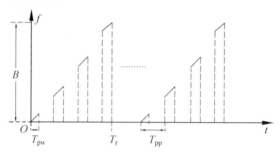

图 6.20　FMPCW 信号时频图

回到式(6.8)，FMCW 与 FMPCW 的时域电场方差不同之处在于

$$\mathscr{F}_t^{-1}(jC_0) = \frac{\eta_0 \Delta l}{c} \frac{di(t)}{dt}$$

$$\approx jk_0 \eta_0 \Delta l I_0 e^{j(\omega_0 t + a\pi t^2)} \sum_{n=0}^{p} \left[h(t - nT_{pp} + \frac{T_{pw}}{2}) - h(t - nT_{pp} - \frac{T_{pw}}{2}) \right]$$

$$(6.102)$$

于是 FMPCW 信号垂直向电离层接收电场时域方程可表示为

$$E_R(t) = \frac{jk_0 \eta_0 \Delta l I_0 \sin(\Delta\theta)}{2\pi^2 H \Delta\rho_i^2} \sum_{K_i} P_{K_i} \int_0^{\Delta\rho_i} J_0(K_i \rho_i) \rho_i d\rho_i \times e^{j(\omega_0 t + a\pi t^2)} e^{j(\frac{\pi a H^2}{c^2} - k_0 H)} e^{-j\frac{2\pi a H}{c} t} \times$$

$$\sum_{n=0}^{p} \left[h(t - nT_{pp} + \frac{T_{pw}}{2} - \frac{H}{c}) - h(t - nT_{pp} - \frac{T_{pw}}{2} - \frac{H}{c}) \right] \quad (6.103)$$

回波信号解调取共轭后求解距离时，对时间 t 做 Fourier 变换以获取差频，只有最后两项含有 t，有

$$\mathscr{F} \left\{ e^{j\frac{2\pi a H}{c} t} \sum_{n=0}^{p} \left[h(t - nT_{pp} + \frac{T_{pw}}{2} - \frac{H}{c}) - h(t - nT_{pp} - \frac{T_{pw}}{2} - \frac{H}{c}) \right] \right\}$$

$$= \sum_{n=0}^{p} \int_{\frac{H}{c} + nT_{pp} - \frac{T_{pw}}{2}}^{\frac{H}{c} + nT_{pp} + \frac{T_{pw}}{2}} e^{j\frac{2\pi a H}{c} t} e^{-j\omega t} dt$$

$$= \sum_{n=0}^{p} T_{pw} e^{j(\frac{2\pi a H}{c} - \omega)(\frac{H}{c} + nT_{pp})} Sa \left[\frac{T_{pw}}{2} (\omega - \frac{2\pi a H}{c}) \right] \quad (6.104)$$

从式(6.104)可见,FMPCW 截断脉冲序列只对相位产生调制,并不改变 Sa 函数。这样就得到 FMPCW 信号垂直向电离层接收电场方程

$$E_R^D(\omega_r) = \frac{\mathrm{j}k_0\,\eta_0\,\Delta l\,I_0\sin(\Delta\theta)\,T_{pw}}{4\pi^2\,H_0\,\Delta\rho_i^2}\mathrm{e}^{-\mathrm{j}(k_0+k_r)H}\,\mathrm{e}^{\mathrm{j}\frac{\pi aH^2}{c^2}}\,Sa\,(k_BH')\times$$

$$\sum_{K_i}P_{K_i}\int_0^{\Delta\rho_i}J_0(K_i\rho_i)\rho_i\mathrm{d}\rho_i\sum_{n=0}^{p}\mathrm{e}^{\mathrm{j}nT_{pp}(\frac{2\pi aH}{c}-\omega)} \qquad (6.105)$$

对比 FMCW 信号垂直向电离层方程(6.31),可以发现二者的区别在于脉冲宽度及相位,对应式(6.106),分别为 T_{pw} 和 $\sum_{n=0}^{p}\mathrm{e}^{\mathrm{j}nT_{pp}(\frac{2\pi aH}{c}-\omega)}$。然而接收电场相关函数是对电场方程取幅值,与相位无关,如式(6.33)所示,因此 FMPCW 与 FMCW 的自相关函数的差别只在于脉冲宽度,回波功率谱密度也是如此。因此,上述对 FMCW 的理论模型同样适应于 FMPCW。

6.4.2　高频地波雷达与垂测仪联合观测结果分析

图 6.21 所示为高频地波雷达与垂测仪实测数据,地点为中国威海(37.5°N,122°E),雷达相干积累时间为 10:55～11:00,垂测仪扫描时间为 2018 年 6 月 20 日上午 11 时 02 分。雷达工作频率为 6 MHz,扫频带宽为 30 kHz。从图 6.21(a)的垂测仪频高图可看到 E 层临界频率为 5.5 MHz,扩展距离为 100～120 km。对应的距离域在图 6.21(b)中为 150～200 km,这可能是雷达斜向天波路径后向散射回波。非常波出现在 F 层,为 330～380 km,同样也可在雷达 RD 谱中找到。考虑到两张图的电离层距离范围相近,因此可能是垂直向的回波。

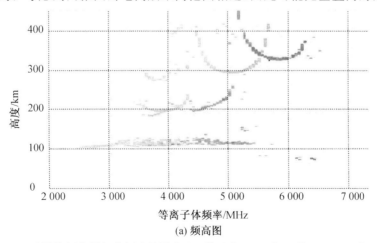

(a) 频高图

图 6.21　垂测仪频高图与高频地波雷达 RD 谱对比(2018 年 6 月 28 日 11 时 02 分)

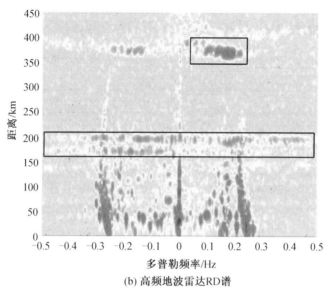

(b) 高频地波雷达RD谱

续图 6.21

　　由于缺乏实测海杂波功率,我们无法严格验证模型的正确性,但可以通过该模型获得电离层不规则体的分布形状及相对强度。图 6.22(a)、(b)分别为 E 层和 F 层的估计结果。

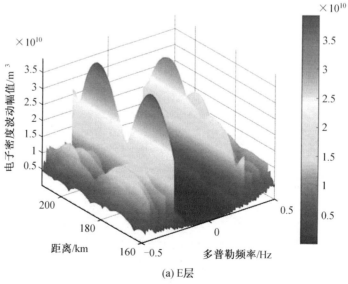

(a) E层

图 6.22　平均不规则体波动估计结果

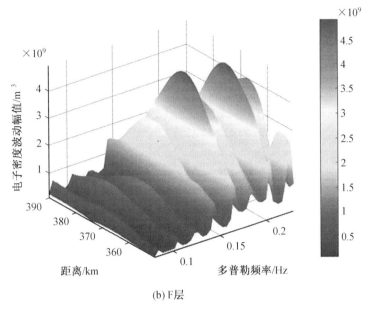

(b) F 层

续图 6.22

E 层选取的距离区域为 160～210 km,多普勒范围为−0.5～0.5 Hz。E 层临界频率为 5.5 MHz,对应的最大电子密度为 $3.7\times10^{11}\,\text{m}^{-3}$。从估计结果可以看出,电离层中不规则体距离域分布的峰值为 198 km,来自斜射天波传播路径的距离域扩展情况也与图 6.21(b) 符合。Doppler 域的分布特征呈分层形态,每层对应于不同的不规则体漂移速度。其中 Doppler 峰值为−0.265 Hz,对应的垂直于雷达波束的漂移速度约为−6.625 m/s。通过垂测仪可见,E 层主要分布距离在 100 km 附近,根据最新发布的 IRI−2016,100 km 处的电子密度为 $1\times10^{11}\,\text{m}^{-3}$,E 层临界频率为 3.285 MHz,对应的折射指数 n 为 0.5。因此,修正后 E 层不规则体漂移速度约为−13.25 m/s,即修正后的不规则体漂移速度为原 Doppler 速度的 2 倍,可见对电离层漂移速度估计进行修正非常有必要。此外,不规则体平均电子密度波动幅值为 $3.9\times10^{11}\,\text{m}^{-3}$,近似为 E 层最大电子密度的 10%。

F 层选取的距离区域为 350～390 km(RD 谱上的距离),多普勒范围为 0.08～0.23Hz。F 层临界频率为 6.3 MHz,对应的最大电子密度为 $4.9\times10^{11}\,\text{m}^{-3}$。因此平均电子密度波动值设定为最大电子密度的 1%,即 $4.9\times10^{9}\,\text{m}^{-3}$。从估计结果可见,Doppler 域分布主要呈现为 2 层,表明雷达 RD 谱图中的电离层回波是从这两个区域的不规则体的运动产生而来。Doppler 峰值约为 0.165 7 Hz,对应的垂直向的不规则体漂移速度约为 4.14 m/s,峰值电离层所处距离为 369 km。注意的是,图中的 Doppler 分布呈现分层结构及振荡形态 (Bessel 函数所致),这也与前述理论符合。根据最新发布的 IRI－2016 版(发布日期为 2019 年 5 月 13 日),350 km 处的电子密度为 $1.9 \times 10^{11} \, m^{-3}$,390 km 处的电子密度为 $1.3 \times 10^{11} \, m^{-3}$,F 层临界频率为 5 MHz,对应的折射指数 n 分别为 0.62 和 0.76,取二者的均值作为 350～390 km 段整体的折射指数 n,即 0.69。因此,修正后 F 层的不规则体漂移速度约为 6 m/s。

　　通过对实测数据估计结果可以看出,HFSWR 电离层回波呈现更多的是 Doppler 单元分布特性,即数个不规则体沿着不同方向的运动效应的叠加,最终造就了电离层回波在 RD 谱上复杂多变的分布。

本章参考文献

[1] WALSH J, GILL E W. An analysis of the scattering of high-frequency electromagnetic radiation from rough surfaces with application to pulse radar operating in backscatter mode[J]. Radio Science, 2000, 35(6): 1337-1359.

[2] WALSH J, ZHANG J, GILL E W. High-frequency radar cross section of the ocean surface for an FMCW waveform[J]. IEEE Journal of Oceanic Engineering, 2011, 36(4): 615-626.

[3] WALSH J, HUANG W, GILL E. The second-order high frequency radar ocean surface cross section for an antenna on a floating platform[J]. IEEE Transactions on Antennas and Propagation, 2012, 60(10):4804-4813.

[4] WALSH J, HUANG W, GILL E W. The second-order high frequency radar ocean surface foot-scatter cross section for an antenna on a floating platform[J]. IEEE Transactions on Antennas and Propagation, 2013, 61 (11): 5833-5838.

[5] WALSH J, GILL E W, HUANG W, et al. On the development of a high-frequency radar cross section model for mixed path ionosphere-ocean propagation[J]. IEEE Transactions on Antennas and Propagation, 2015, 63(6):2655-2664.

[6] 尚尚. 高频地波雷达电离层杂波监测技术关键问题研究[D]. 哈尔滨:哈尔滨工业大学,2012:19.

[7] RIDDOLLS R J. Mitigation of ionospheric effects on high frequency surface wave radar [R]. Defence Research and Development Canada

Ottawa (ONTARIO), 2006.

[8] RIDDOLLS R J . Modification of a high frequency radar echo spatial correlation function by propagation in a linear plasma density profile[R]. Defence Research and Development Canada Ottawa (ONTARIO), 2011.

[9] RAVAN M, RIDDOLLS R J, ADVE R S. Ionospheric and auroral clutter models for HF surface wave and over the horizon radar systems[J]. Radio Science, 2012, 47(3): 1-12.

[10] CHEN S, HUANG W, GILL E. A vertical reflection ionospheric clutter model for HF radar used in coastal remote sensing[J]. IEEE Antennas and Wireless Propagation Letters, 2015, 14:1-1.

[11] WALSH J, CHEN S, GILL E, et al. High frequency radar clutter power for mixed ionosphere-ocean propagation[C]// Victoria, BC, Canada :2014 16th International Symposium on Antenna Technology and Applied Electromagnetics (ANTEM). IEEE, 2014: 1-2.

[12] BUDDEN K. G. The propagation of radio waves: the theory of radio waves of low power in the ionosphere and magnetosphere [M]. New York: Cambridge University Press, 1985.

[13] RAVAN M, ADVE R S. Ionospheric clutter model for high frequency surface wave radar [C]//Atlanta, GA, USA: 2012 IEEE Radar Conference. IEEE, 2012: 0377-0382.

第 7 章　基于高频地波雷达的台风－电离层关联机理观测研究

7.1　概　　述

　　高频地波雷达对台风期间海面的浪高、风场、海流等遥感探测,目前已经有大量研究,海态遥感并非本章的研究所在。本章的研究重点是台风期间HFSWR 实测数据中电离层回波在时域、Doppler 域和距离域的分布特征,通过多个维度形态的补充对比分析,探索性研究电离层对台风扰动响应的物理机制过程。

　　如综述所言,地球物理学研究认为台风激发的重力波上传到电离层,从而产生电离层不规则体和 TIDs。基于卫星和高频斜测仪对台风上空的大气结构观测数据表明,剧烈的涡旋气流改变平流层结构分布,其触发的重力波携带能量和动量不断上传,最终引起电离层扰动,进而提出地球的对流层－平流层－中间层－电离层之间可能存在耦合机理。这是目前国际上对台风与电离层联动物理机制的主要解释[1-6]。HFSWR 电离层回波常来自 TIDs 的散射,自然可通过电离层回波对台风激发的重力波进行观测研究。

　　本章首先介绍台风与电离层关联物理机制研究,接着针对大尺度电离层行扰 TIDs 对 FMCW/FMPCW 信号的调制作用,建立 TIDs 对电离层高度扰动产生的回波信号谱密度模型,从而量化雷达回波谱中 TIDs 导致的额外 Doppler 效应,并仿真不同周期下 TIDs 对应的 HFSWR 电离层回波时频分布。之后对两次台风期间 HFSWR 实测数据进行分析,发现电离层中存在 TIDs 分布形态,进而为台风与电离层之间可能存在联动物理机制提供参考依据。并且通过对电离层回波形态分析,还发现存在其他规律,如台风临近雷达站时反而不易观测到电离层扰动及电离层回波 Doppler 分布非常显著等特性。

7.2　台风与电离层联动机制研究

　　目前地球物理学研究认为,有三种引起电离层空间变化的外部驱动源:太阳活动、太阳风与磁层扰动以及中低层大气波动[7]。其中,中低层大气与地面扰动涉及大气层－电离层垂直耦合系统,是近年来高层大气物理学中颇受关注的领域。在该系统中,低层大气中的各种剧烈气象活动,所释放激发的能量以重力波(Gravity Waves,GW)、行星波(Planetary Waves)、潮汐(Tides)等各种形式向上输送,但大部分大气能量只能传播到低热层。观测研究发现,高层大气与电离层之间的耦合效应表现在:低热层的大气波动与低电离层相互作用形成 Es 层等不均匀体;低热层大气能量继续上传至电离层 F_2 层,激发产生等离子体密度波状起伏以及电离层不均匀体等。低层大气与电离层的耦合效应,主要体现为地表的能量向电离层输送。这种能量运输方式有别于传统的太阳活动－电离层耦合机制,揭示了电离层空间的另一个来源,即大气层－电离层垂直耦合机制。Forbes 等[8]提出,对于电离层,来自上面和下面的两个空间源的贡献相当,因此低层大气与电离层耦合机制在当前的空间天气研究中具有重要作用。

重力波是中低层大气与电离层之间能量运输的重要载体,是大气动力学过程的现象之一。早在 20 世纪 60 年代,Hines[9]首先提出利用大气声重力波理论来阐释台风、雷暴、龙卷风等极端天气过程对电离层的扰动。已有利用高频 Doppler 探测仪、MU(Middle and Upper Atmosphere)雷达、MST (Mesosphere-Stratosphere-Tropospher)雷达、垂测仪和 GPS(Global Positioning System)等对台风激发的 GW 开展观测研究。Huang 等[10]首次利用高频 Doppler 探测系统,对台湾在 1982～1983 年台风引起的电离层扰动进行了分析,一方面肯定了高频 Doppler 探测阵列对 GW 的可探测性;另一方面,统计了 12 次台风期间的 Doppler 记录,发现仅有 2 次观测到明显的波状扰动,因此可观测性不高。肖赛冠等对此持不同意见[11],基于北京大学高频 Doppler 观测台,对 1987～1992 年共 24 次台风登陆前后的数据记录统计分析,发现有 22 次观测到电离层的波状扰动。通过对重力波点源在大气中非线性传播的数值模拟,表明相同条件下,不同频率的重力波在大气中的传播特性不同,色散现象明显,即频率越低的重力波,法向仰角越大,在水平方向传播越远,而在垂直方向传播越近。也就是低频较高频到达同一电离层高度需要更长时间,这与高层大气对脉冲式扰动的响应理论结果一致。于是解释了和 Huang 观测不一致之处,即 Huang 观测站位于台湾,距离台风较近,观测到的是频率较高的重力波;而北大观测站位处大陆深处,距离台风较远,观测到的是频率较低的重力波。波源(台风)、响应点(电离层 Doppler 区域)及观测站的相对不同,导致最终的观测结果不同。

Sato[12]使用 MU 雷达观测到与台风"Kelly"有关的小尺度重力波。Dhaka 等[13]利用 MST 雷达在印度观测到对流产生的重力波。Ke 等[14]使用数字测高仪观测到台风"Sarika"登陆海南前一天,当地 E 层和 F_1 层突然消失,台风登陆后才恢复。近期对台风激发重力波的观测研究更多来自卫星。Song[3]等首次利用 GPS 的 2 维 TEC 波动图观测到台风激发的中尺度电离层行扰(Medium-Scale Traveling Ionospheric Disturbances，MSTID)。台风"Tembin"经过香港时的 GPS 观测数据显示[15]，当时出现了电离层不规则体和相关的闪烁，可能的解释是低层大气触发的重力波使得 Rayleigh-Taylor 不稳定增加而产生的。台风"Gillian"经过澳大利亚时 GPS 观测数据显示[16]，风眼周围上空 300～350 km处的电子密度降低了 37.5%～50%，电离层扰动位置并非发生在风眼中心，而是在其周围空间。

虽然已有多种传感器观测到台风期间电离层的扰动，可以肯定的是台风与电离层之间存在着某种联动机制。目前对这种关联机理的解释主要有两种[17]：一种是大气层-电离层之间激烈的气象对流导致电场环路产生扰动，从而形成外部电流；另一种是电离层的扰动是由台风激发的重力波引起的。对流区产生的重力波以一定倾角上传至电离层底部区域，从而导致电离层中电子密度和电场产生扰动。在一定条件下，这种扰动引起 Rayleigh-Taylor 不稳定性，导致在电离层垂直方向产生等离子体泡，从而改变电离层电子密度空间分布状态。我国学者指出[18]，可能还存在着一种机制：台风期间低层大气激烈的湍流活动，可能导致大气湍流层顶的抬升，进而改变大气结构分布和光化学过程，最终对电离层产生影响。但就目前文献的数量而言，大多数还是认同重力波是台风与电离层关联扰动的机制。

7.3　HFSWR 电离层行扰模型

如前所述，HFSWR 电离层回波不仅受小尺度等离子不规则体随机波动的调制作用，还会受到大尺度电离层行扰 TIDs 的影响。TIDs 对 HF 电波的作用主要表现在对电子密度等值面波动，引起电离层反射高度变化，从而产生附加的Doppler 频移与展宽[19]。

假设水平运动的大尺度波状 TIDs 的波数为 k_T，频率为 ω_T，则

$$k_T = \frac{2\pi}{\lambda_T} \tag{7.1}$$

$$\omega_T = \frac{2\pi}{T_T} \tag{7.2}$$

式中　　λ_T——TIDs 波长，数千千米量级；

$\quad\quad\ \ T_T$——TIDs 周期，数十分钟量级。

TIDs 引起的 HF 电波在电离层中反射高度变化可表示为

$$H(\boldsymbol{\rho},t) = H_0 \left[1 + \delta_h \cos(\boldsymbol{k}_T \cdot \boldsymbol{\rho} - \omega_T t) \right] \tag{7.3}$$

式中　　H_0——电离层平均高度；

　　　　δ_h——反射面相对变化系数；

　　　　$\boldsymbol{\rho}$——二维平面中电离层中射线轨迹波矢，$\boldsymbol{\rho} = (x,y)$。

在式(7.3)中，H 与时间有关，因此会在雷达频谱中产生额外的 Doppler 频移，这与不规则体运动产生的 Doppler 频移无关。由于 TIDs 的周期远大于 HFSWR 相干积累时间，因此只需考虑垂直方向上电离层反射面的移动速度。该速度可表示为

$$v_v = \frac{dH(\boldsymbol{\rho},t)}{dt} = H_0 \delta_h \omega_T \sin(\boldsymbol{k}_T \cdot \boldsymbol{\rho} - \omega_T t) = H_0 \delta_h \omega_T \sin \varphi_T \tag{7.4}$$

TIDs 引起的相位变化 φ_T 可通过时频分布(Time Frequency Distribution, TFD)体现。TIDs 对应的 IRC 谱密度函数是自相关函数 Taylor 展开式的 Fourier 变换

$$S_i(\boldsymbol{K}_i) = \frac{\delta(K_i)}{2\pi} + S_{\Phi1}(\boldsymbol{K}_i) + \frac{1}{2} S_{\Phi1}(\boldsymbol{K}_i) * S_{\Phi1}(\boldsymbol{K}_i) + \cdots \tag{7.5}$$

其中 $S_{\Phi1}(\boldsymbol{K}_i)$ 为 1 阶相位变化功率谱密度，可表示为

$$S_{\Phi1}(\boldsymbol{K}_i) = \frac{4z_0 r_e^2 \lambda_0^2}{\cos^2 \theta_i} \log \frac{z_0}{z_0 - z'_0} S_{Ne1}(\boldsymbol{K}_i) \tag{7.6}$$

其中 θ_i 为 HF 电波入射角，TIDs 的空间谱密度 $S_{Ne1}(\boldsymbol{K}_i)$ 仍然可使用 6.2.4 中的等离子体 3 阶幂律模型来表示，即

$$S_{Ne1}(\kappa_x, \kappa_y, \omega_i) = \frac{8\pi^3 \kappa_0 \langle N_{e1}^2 \rangle \delta(\kappa_{\parallel}) \delta(\omega_i - \boldsymbol{\kappa} \cdot \boldsymbol{v}_h - 2k_0 v_v \cos \theta_i)}{(\kappa_0^2 + \kappa_\perp^2)^{3/2}} \tag{7.7}$$

这是 TIDs 对 HF 信号相位调制的数学关系式。将其代回斜射模型就可以得到 HFSWR 对在 FMCW/FMPCW 体制下 TIDs 散射电离层回波功率谱密度

$$P(\omega_d) = \frac{k_0^3 \eta_0 \Delta l^2 I_0^2 A_r \sin^2 \theta_i}{32\pi^4 H_0^2 \Delta \rho_i^4} \left| \int_0^{\Delta \rho_i} J_0 \left(\frac{\omega_d - 2k_0 v_v \cos \theta_i}{v_h} \rho_i \right) \rho_i d\rho_i \right|^2 \times$$

$$Sa^2(k_B H') \left\{ 1 + \frac{4z_0 r_e^2 \lambda_0^2}{k_0} \log \frac{z_0}{z_0 - z'_0} \times \right.$$

$$\left. \frac{8\pi^3 \kappa_0 \langle N_{e1}^2 \rangle}{l_z (\kappa_0^2 + ((\omega_d - 2k_0 v_v \cos \theta_i)/v_h)^2)^{3/2}} + \cdots \right\} \tag{7.8}$$

图 7.1 为 TIDs 对 HFSWR 电离层回波时频影响的仿真图。图 7.1(a)中，仿真参数如下：TIDs 周期为 60 min，水平尺度为 1 000 km，水平漂移速度为 150 m/s，相对高度系数为 10%，电离层平均高度固定为 300 km，入射角为 45°，雷达工作频率为 6 MHz，电离层高度为 300 km，其他参数均如表 6.1、表 6.2 所示。从图可见，周期 60 min 的 TIDs 可产生最多 ± 0.33 Hz 的 Doppler 频移，电

离层反射高度和波达角与 TIDs 一样呈周期性变化,同时还伴随着不规则的 Doppler 展宽,在正弦函数顶点处展宽最为严重。图 7.1(b)为周期 30 min、60 min、90 min 的 TIDs 在 90 min 内的 HFSWR 电离层回波功率时频变化图,初相均设置为 0。从图可见,TIDs 的周期越大,产生的 Doppler 频移越小,但 Doppler 展宽越严重。

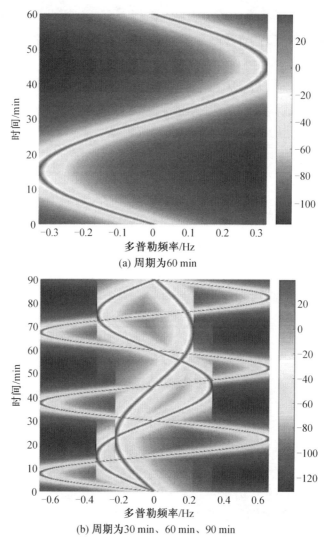

(a) 周期为60 min

(b) 周期为30 min、60 min、90 min

图 7.1 TIDs 导致的电离层回波功率谱密度时频分布仿真

再者,不同尺度 TIDs 的波数 k_T 不同,对应的式(7.3)中的初始相位也不同。电离层中往往同时存在多个不同周期、不同尺度的 TIDs,HF 电波经过这些不同 TIDs 混合叠加调制后的称为电离层回波,因此在实际 HFSWR 系统的 Doppler 域并无明显周期规律性,可能呈现出间断混叠的准周期正弦"S"形形态。

下面我们利用时频分布(短时傅里叶算法)对实测 HFSWR 数据的 TIDs 扰动开展观测研究。图 7.2(a)为单个相干积累周期 150 s 内 HFSWR 回波的 RD 谱,从图可见在 232 km 处的电离层回波较强。于是我们对该距离单元之后的 200 min 雷达回波数据做了时频分布,如图 7.2(b)所示,从中清晰可见电离层中重力波触发的 TIDs 扰动响应全过程。

2 000～6 000 s 时间段内,电离层回波 Doppler 频移主要位于[−0.5 Hz,0 Hz],对应上述模型中的 TIDs 估计周期约为 30 min;7 000～9 000 s 时间段内,电离层回波 Doppler 频移主要位于[−1 Hz,0 Hz],对应上述模型中的 TIDs 估计周期约为 15 min;10 000～12 000 s 时间段内,电离层回波 Doppler 频移主要位于[−0.25 Hz,0.5 Hz],由于之后没有雷达数据,因此无法判断其 TIDs 对应的周期。前两段的电离层回波只出现在 Doppler 负半轴,相速为负,说明重力波由下往上传播。这与其他关于中层和电离层重力波的观测结论一致[20-21],即重力波群速度分量垂直向上,其激发源位于底层大气。在时频图中,电离层回波形态呈现准周期正弦"S"形分布,这是最典型的 TIDs 的形态特征,也与仿真结果一致。

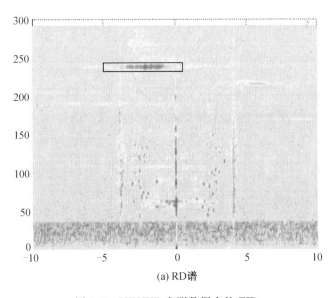

(a) RD谱

图 7.2　HFSWR 实测数据中的 TIDs

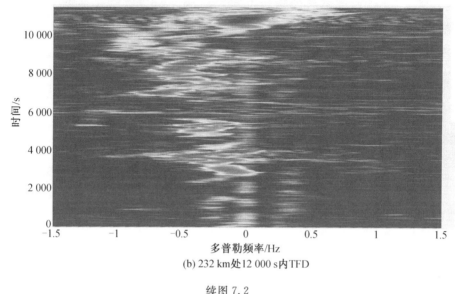

(b) 232 km处12 000 s内TFD

续图7.2

7.4 台风期间电离层回波时频分布特征

本章所处理的台风实测数据分别来自 2016 年 1617 号超强台风"鲇鱼"(Megi)途经东海海域期间某高频地波雷达站观测,以及 2018 年 1818 号台风"温比亚"(Rumbia)途经黄渤海海域期间山东威海高频地波雷达站观测。具体录取时间分别为:北京时间 2016 年 9 月 25 日 16 时 30 分至 27 日 6 时 30 分,2018 年 8 月 20 日 12～14 时。

(1)2016 年超强台风"鲇鱼"东海期间路径。

超强台风"鲇鱼"于 2016 年 9 月 23 日 8 时在台湾省东南方向 2 140 km 的西北太平洋上形成,中心风力 8 级(18 m/s),最强时达 14.15 级(45.50 m/s),于 27 日前后登陆台湾,28 日前后登陆闽粤。

(2)2018 年台风"温比亚"黄渤海期间路径。

台风"温比亚"于 2018 年 8 月 17 日登陆上海后,向北途经安徽、河南、山东等地,于 20 日进入渤海,向东经黄海终至朝鲜半岛。

7.4.1 "鲇鱼"在东海期间某雷达站观测结果分析

图 7.3 为台风"鲇鱼"于 2016 年 9 月 25 日 18 时至 9 月 26 日 18 时某 HFSWR 实测数据的时频分布图,此时间段对应七级台风进入雷达探测距离范

围前 24 h,雷达工作频率为 5.8 MHz。距离单元分别取 100 km、200 km、300 km 和 400 km。从图可见,100 km 对应电离层回波在一阶 Bragg 峰之间回波能量很强。在 300 km 处,0～3 时段(即 18～21 时)以及 15～24 时段(即 9～18 时)均出现明显的准周期正弦"S"形扰动,对应着重力波传播引起的 TIDs。相应的 Doppler 范围在 ±0.5 Hz 之间,对照 7.3 节的 TIDs 模型估算其周期约为 40 min,垂直向运动速度约为 12.5 m/s。

纵观图 7.3(a)～(d),容易发现电离层回波在同一时间各个距离分布均突然出现大幅度 Doppler 扩展,时间分别为:2～4 h、5～7 h 和 12～14 h,即 25 日 20～22 时、25 日 23 时～26 日 1 时和 6～8 时。该回波遍满整个 Doppler 轴,且分布均匀,既不像"S"形 TIDs,又不像完全杂乱的闪烁噪声,每次出现持续时间 2 h 左右。因此推测可能是大气中某种波在电离层传播的分布形态。

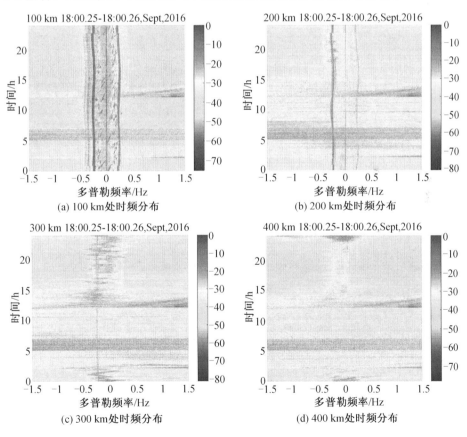

图 7.3　台风"鲇鱼"到达雷达探测范围前 24 h 的时频分布

图 7.4 为台风"鲇鱼"于 2016 年 9 月 26 日 18～24 时,七级台风进入某高频地波雷达站探测范围的时频分布图,雷达工作频率为 5.8 MHz。距离单元分别取 100 km、200 km、300 km 和 400 km。与图 7.3(a)类似,100 km 对应电离层回波在一阶正负 Bragg 峰之间仍然回波能量较强。在 300 km 处,0～2 h 段(即 18～20时)出现明显的准周期正弦"S"形扰动,对照图 7.3(c),这可能是仍然对应重力波传播引起的 TIDs。按 Doppler 分布范围,大致上可分为[−1.5 Hz,−0.5 Hz]及[−0.5 Hz,0.5 Hz],对照 TIDs 模型估算其周期均约为 40 min,垂直向运动速度范围为[12.5 m/s,37.5 m/s]。TIDs 相速度为负,说明重力波群速度向上,激发源处于下方。台风期间 HFSWR 所观测的 TIDs 形态,与地球物理学中基于卫星和高频多普勒站的结论一致,即台风激发的重力波会上传至电离层引起 TIDs,台风与电离层之间存在联动的物理机制。

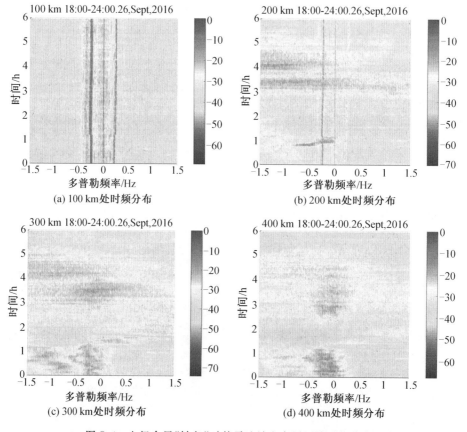

图 7.4　七级台风"鲇鱼"时某雷达站电离层回波时频分布

在 2～5 h 段(即 20～1 时),各个距离单元均出现 Doppler 大范围扩展的电离层回波。此回波特征不同于一般的 F 层扩展性电离层回波,而是与图 7.3 中类似的特殊形态的电离层回波。

图 7.5 为台风"鲇鱼"于 2016 年 9 月 27 日 0～6 时,雷达工作频率 5.8 MHz,十级台风进入某高频地波雷达站探测范围的时频分布图。距离单元仍然分别取 100 km、200 km、300 km 和 400 km。从图可见,各个距离单元上几乎都没有电离层回波,说明此时观测不到电离层扰动,而且整个时频谱回波总强度比图 7.4 低 20 dB 左右。

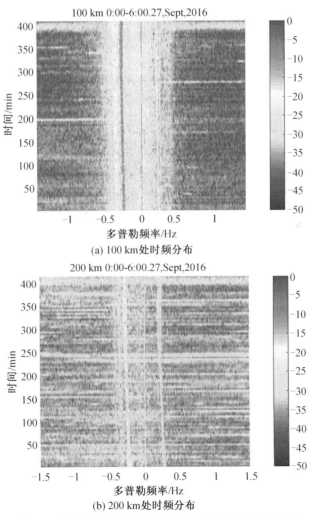

(a) 100 km处时频分布

(b) 200 km处时频分布

图 7.5　十级台风"鲇鱼"时某雷达站电离层回波时频分布

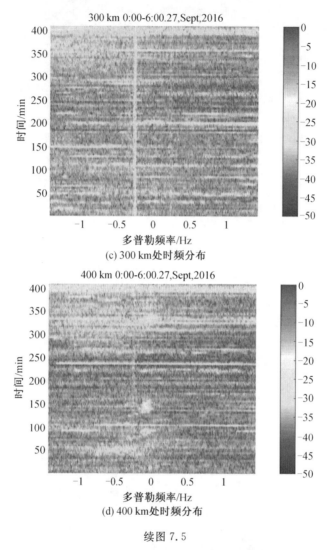

续图 7.5

最后，我们将 2016 年 9 月 25 日 16 时 30 分至 27 日 6 时 30 分共 38 h，所有的 HFSWR 实测数据进行时频变化，如图 7.6 所示，z 轴为归一化的电离层回波功率谱。可见最明显的所有图都同时出现 4 个带状电离层回波，从 −10 Hz 均匀扩展到 10 Hz。出现的时间段分别为 25 日 20～24 时、26 日 1～3 时、6～8 时、21～23 时。前三个时间段出现在图 7.3 中，最后一个时间段出现在图 7.6 中，即出现扩展性电离层回波。这四个时段的电离层回波形态分布非常特殊，几乎同时出现在 100～400 km 的距离门，而且在 Doppler 轴均匀扩散到 10 Hz，可排除声重力波引起的电离层行波扰动，具体物理机制有待进一步研究。

另外，从时间段 15～38 h(即 26 日 7 时 30 分～27 日 6 时 30 分)，除 26 日 21～23 时出现的带状电离层扩展回波外，其他时间电离层回波均很弱。26 日 7 时 30 分时，卫星图显示台风风眼距离雷达约 1 000 km。如果将 26 日 21～23 时出现的带状特殊形态电离层回波与其他三个时间段的电离层回波归于一类，可以得出结论：在台风临近 HFSWR 时，反而不易观测到电离层扰动。

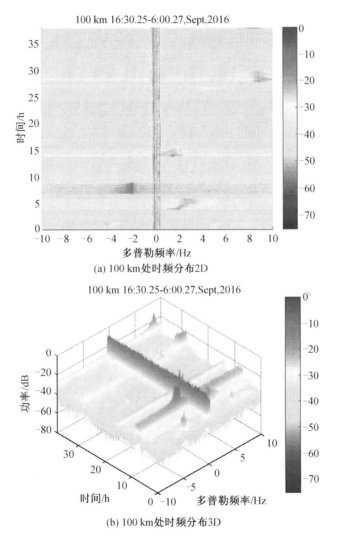

(a) 100 km 处时频分布2D

(b) 100 km 处时频分布3D

图 7.6　台风"鲇鱼"38 h 所有时频分布

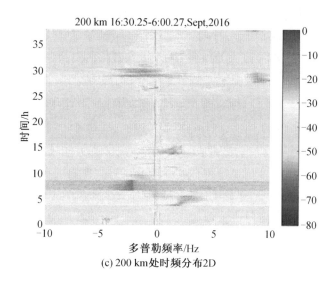

(c) 200 km处时频分布2D

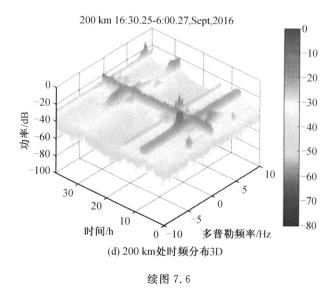

(d) 200 km处时频分布3D

续图 7.6

300 km 16:30.25-6:00.27,Sept,2016

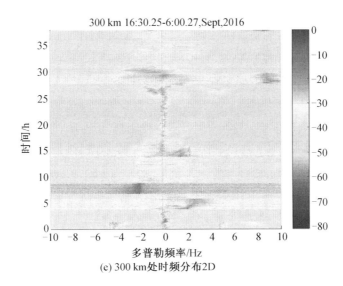

(e) 300 km 处时频分布2D

300 km 16:30.25-6:00.27,Sept,2016

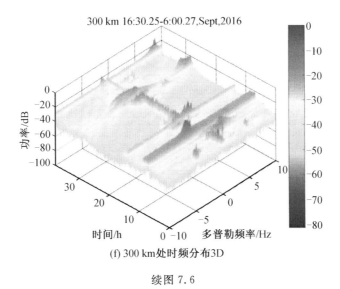

(f) 300 km 处时频分布3D

续图 7.6

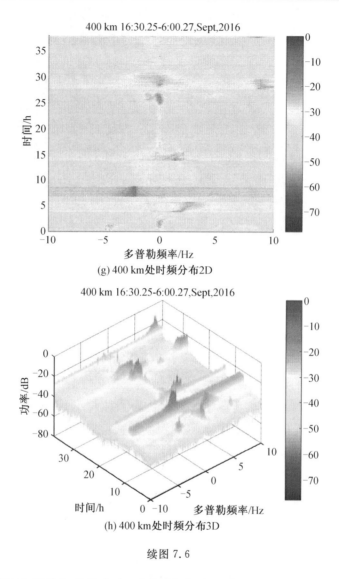

(g) 400 km处时频分布2D

(h) 400 km处时频分布3D

续图 7.6

7.4.2 "温比亚"在渤海期间威海雷达站观测结果分析

图 7.7 为台风"温比亚"于 2018 年 8 月 20 日 12～14 时途径渤海期间,威海 HFSWR 观测的时频分布图。当时台风风眼中心距离雷达站直线距离均为 120 km, 风力七级,雷达工作频率 4.1 MHz。从图可见,除 100 km 对应的零频附近和 Bragg 峰之间有回波外,其他距离单元均为电离层回波。这点与图 7.5 的观测 结果一致,即台风临近 HFSWR 时,电离层结构反而区域稳定,难以观测到电离

层空间结构的扰动。

另外,这四张图中均隐约存在条形带状的电离层回波,即在 Doppler 单元大幅扩展的形态特征。与 7.4.1 节中观测到的电离层回波形态相似。

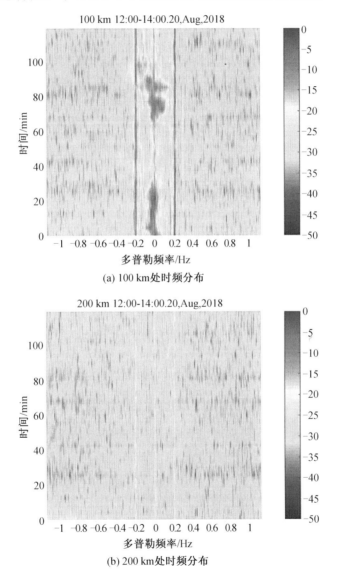

(a) 100 km处时频分布

(b) 200 km处时频分布

图 7.7 七级台风"温比亚"时威海雷达站电离层回波时频分布

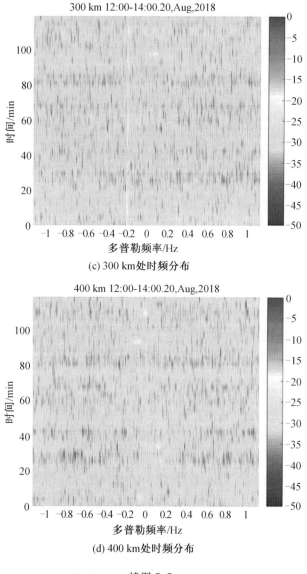

(c) 300 km处时频分布

(d) 400 km处时频分布

续图 7.7

　　肖佐等[11,20]通过北大高频多普勒观测站,对中国有记录的 24 次台风登陆前后的多普勒数据进行统计,发现期间存在高频多普勒扰动记录达 22 次之多,其中近海(台风登陆前 24 h)发现存在 TIDs、F 层扩展现象和类似日出效应等电离层异常波动形态具有 14 次记录。可能的物理机制是强烈的台风激发的声重力波上传到电离层引发 TIDs,从而说明声重力波在中、低层大气与电离层之间的耦合起着重要作用。对于台风期间 TIDs,图 7.7 和图 7.6 的时频分布中也观测到该现象,即呈现准周期正弦波动的"S"形形态。对于北京多普勒观测台与 HFSWR 实验站的观察结论不一致的问题,可能是由于观测站和台风的距离及传播路径不同引起的。北大高频多普勒观测站接收来自陕西西安授时中心的 10 MHz 电波,其传播路径处于大陆深处,以北京和西安中点位置到东南沿海的距离粗略估算在 1 500~2 000 km,即使是台风在东南沿海登陆,北大观测站也只能观测到上千千米外内陆上空的电离层扰动。而上述观测实验中,HFSWR 观测站距离台风风眼中心都在数百千米,台风已直接进入雷达探测区域,而且雷达波束覆盖范围是广阔海域,观测数据来自近距离海面上空电离层扰动,因此二者观测到的电离层扰动现象不同。总结起来,波源(台风)、响应点(电离层 Doppler 区域)及观测站的相对不同,导致最终的观测结果不同。

另外,高频多普勒观测台只能观测到电离层回波在 Doppler 轴[−1,1]Hz 之间的分布,并且没有距离信息,很可能将图 7.6 这种扩展到[−10,10]Hz 的特殊带状回波误认为扩展 F 层回波。

7.5　台风期间电离层回波距离—时间谱分布特征

7.5.1　"鲇鱼"在东海期间某雷达站观测结果分析

下面分析台风期间电离层回波在距离—时间(Range−Time,RT)谱上的分布特征,从而与 7.4 节的时频分布形成相互补充,以便从多个维度更全面地观测电离层回波特征。

图 7.8 为台风"鲇鱼"于 2016 年 9 月 25 日 18 时至 9 月 26 日 18 时某高频地波雷达站实测数据的距离—时间分布图,此时间段对应七级台风进入雷达探测距离范围前 24 h。多普勒频移分别取 0 Hz、−0.25 Hz、−0.5 Hz、−1 Hz。从图可见,0 Hz 对应电离层回波主要集中于 100 km 以内,200 km 虽也有分布,但很可能属于二跳所致。−0.25 Hz 的回波在 200 km 内很强,呈扩散分布,这是因为−0.25 Hz 在一阶海杂波对应 Bragg 峰附近。值得注意的是,0 Hz、−0.25 Hz 和−0.5 Hz 对应的 RT 谱在第 5~7 h 段(即凌晨 23~1 时)所有距离单元同时出现扩散的电离层回波。与图 7.3 进行比对,可见该特殊分布的电离层回波不仅遍满整个 Doppler 单元,还遍布整个距离单元。但从图 7.8(d)可见,−1 Hz 对应的电离层回波出现时间晚于−0.5 Hz 约 3 h,显示该电离层回波从低频到高频演化过程。

图 7.9 为超强台风"鲇鱼"于 2016 年 9 月 26 日 18~24 时,七级台风进入某

高频地波雷达站时电离层回波距离－时间(Range－Time)谱。从图可见,在这6 h中,0 Hz对应电离层回波主要集中于100 km以内,200 km虽也有分布,但很可能属于二跳所致。雷达站所处地当天日落时间为18时左右,因此0 Hz谱图中300~450 km处的电离层回波可能是日落所致的F_2层扩散现象。－0.25 Hz的回波在200 km内很强是因Doppler频率在一阶海杂波Bragg峰附

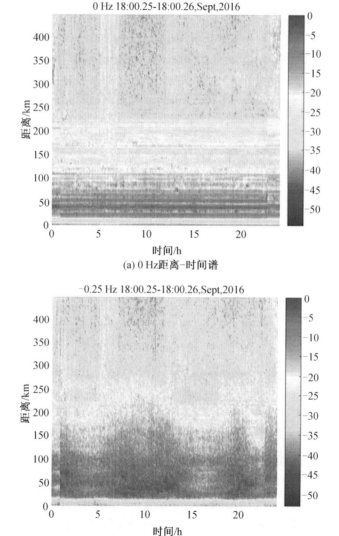

(a) 0 Hz距离-时间谱

(b) -0.25 Hz距离-时间谱

图7.8　台风"鲇鱼"到达雷达探测范围前24 h距离－时间谱

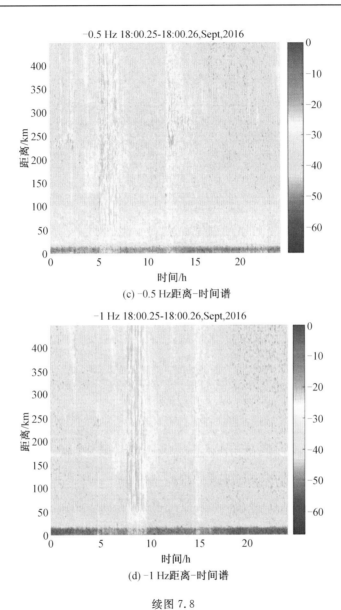

(c) −0.5 Hz距离-时间谱

(d) −1 Hz距离-时间谱

续图 7.8

近,在 1 h 处电离层图形成断裂,是由雷达工作频率由 6.2 MHz 切换至 5.8 MHz 引起的。纵观这 4 张图,可以发现在时间轴 2~5 h 段(即 20~23 时),4 个 Doppler 对应的 RT 谱中同时出现了在 100~450 km 距离单元大范围扩展的电离层回波。对照同一时段的时频分布图 7.8,该电离层回波也同时遍布整个 Doppler 单元。

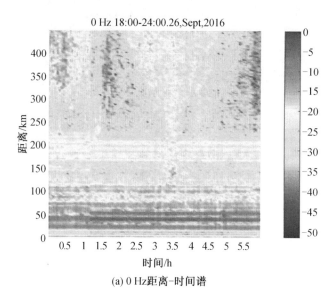

(a) 0 Hz距离-时间谱

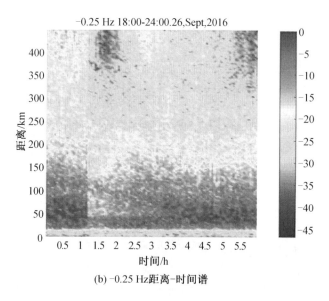

(b) −0.25 Hz距离-时间谱

图 7.9　七级台风"鲇鱼"时某雷达站电离层回波距离—时间谱

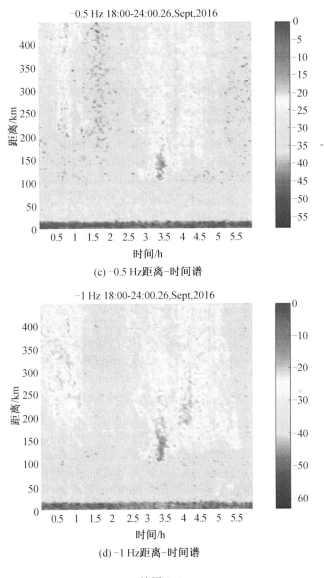

(c) -0.5 Hz距离-时间谱

(d) -1 Hz距离-时间谱

续图 7.9

　　2016 年 9 月 27 日 0～6 时,十级台风进入某高频地波雷达站观测范围时,电离层回波强度很弱,几乎观测不到电离层扰动情况,如图 7.5 中所示,因此不再赘述。

　　最后,2016 年 9 月 25 日 16 时 30 分至 27 日 6 时 30 分共 38 h,所有的HFSWR 实测数据的距离—时间谱如图 7.10 所示。可见最明显的所有图都同时出现 4 个带状电离层回波,在距离域呈现均匀扩散状,分布形态也类似。前两个时间段分别对应 25 日 20～24 时、26 日 1～3 时,此时电离层回波均匀分布扩展在 0～450 km;第三个时间段 26 日 6～8 时,此时电离层回波均匀分布扩展在 200～450 km;最后一个时间段 26 日 21～23 时,电离层回波均匀分布扩展在 100～450 km。该电离层回波出现的时间与图 7.10 中的时频分布结果大致相符,说明这是同一电离层回波,该回波同时在 Doppler 单元和距离单元均呈现线性扩展分布形态。

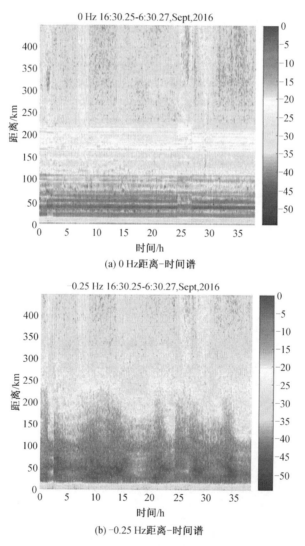

(a) 0 Hz 距离-时间谱

(b) -0.25 Hz 距离-时间谱

图 7.10　超强台风"鲇鱼"在东海 38 h 内 HFSWR 电离层回波距离－时间谱

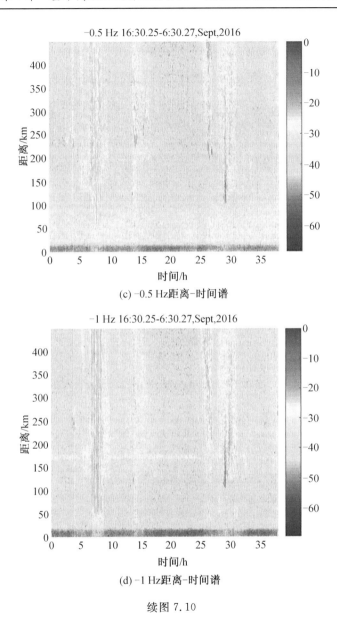

(c) -0.5 Hz 距离-时间谱

(d) -1 Hz 距离-时间谱

续图 7.10

7.5.2 "温比亚"在渤海期间威海雷达站观测结果分析

图 7.11 为台风"温比亚"于 2018 年 8 月 20 日 12～14 时途径渤海期间,威海高频地波雷达站观测的距离—时间分布图。当时台风风眼中心距离雷达站直线距离均为 120 km,风力七级。从图可见,0 Hz 和 0.2 Hz 对应的电离层回波

距离分布主要集中在 150 km 以内,而 0.5 Hz 和 1 Hz 对应的 RT 谱中观测不到电离层回波,说明电离层结构稳定。这与图 7.7 的观测结果一致,即台风临近 HFSWR 时,难以观测到电离层空间结构的扰动。

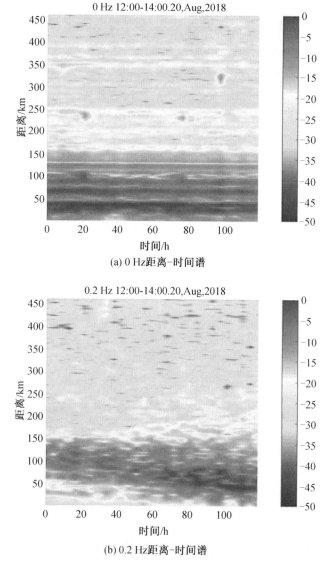

(a) 0 Hz距离−时间谱

(b) 0.2 Hz距离−时间谱

图 7.11　七级台风"温比亚"时威海雷达站电离层回波距离—时间谱

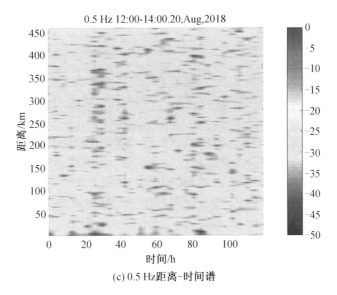

(c) 0.5 Hz距离-时间谱

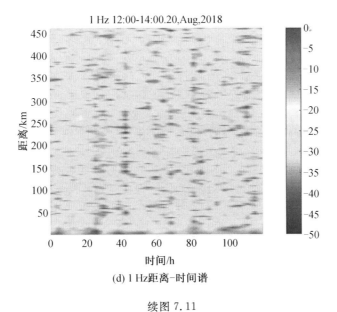

(d) 1 Hz距离-时间谱

续图 7.11

7.6　台风期间电离层回波距离－多普勒分布特征

7.6.1　"鲇鱼"在东海期间某雷达站观测结果分析

　　图 7.12 为台风"鲇鱼"在东海期间,某高频地波雷达站实测数据的距离－多普勒分布谱(RD 谱),时间分别为 2016 年 9 月 26 日 12 时和 18 时、27 日 0 时和 6 时。对照 7.4 节电离层回波时频分布和 7.5 节距离－时间分布,下面分析 RD 谱中的电离层回波分布特性。图 7.12(a)中出现在 300 km 附近处的电离层回波可能是由 TIDs 引起的,因为在图 7.11(c)时频分布中呈现准周期正弦"S"形波动,可能是台风改变了中低层大气结构,激发的重力波上传到电离层中引发的电离层行波扰动。图 7.12(b)为七级台风进入雷达探测范围时的 RD 谱,可见距离单元 250～450 km 和 Doppler 单元 $-1.5～-0.5$ Hz 均有扩展性电离层回波,这可能是日落效应,也可能是声重力波触发的中纬度"Spread－F"现象。图 7.12(c)和(d)分别为十级、十二级台风进入雷达探测范围时的 RD 谱,可见电离层回波明显减弱。这与图 7.5 形成相互印证,即台风近距离时电离层结构较为稳定。

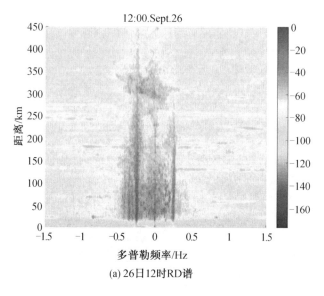

(a) 26 日 12 时 RD 谱

图 7.12　超强台风"鲇鱼"HFSWR 电离层回波距离－多普勒谱

18:00.Sept.26

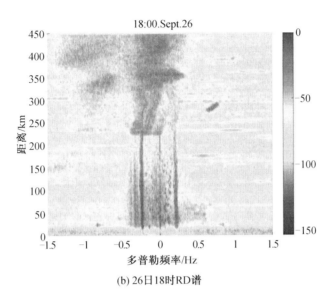

(b) 26日18时RD谱

0:00.Sept.27

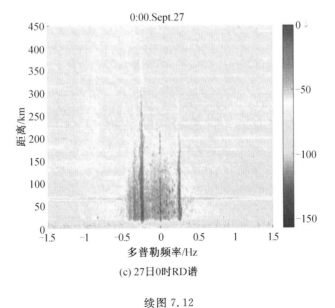

(c) 27日0时RD谱

续图 7.12

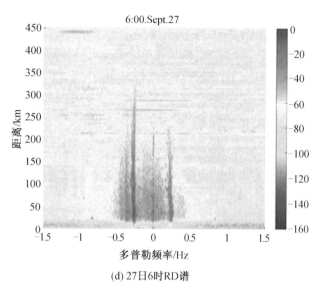

(d) 27日6时RD谱

续图 7.12

值得注意的是,在不同时刻的 RD 谱中均出现了大量零碎的条状分布电离层回波,在距离单元上分布较窄,但在 Doppler 单元上均匀扩展。其背后的物理机制,可能是台风激发的重力波产生的电离层不规则体引起的。因为重力波常与电离层中不规则体产生及 TIDs 有密切关联。

结合 7.4 节和 7.5 节的观测分析结果,总结起来台风期间电离层回波的 Doppler 特性最为显著,宏观上 38 h 内共出现 4 次持续在 2 h 的 Doppler 单元条形扩展分布,微观上有大量零散分布的 Doppler 扩展形态。

7.6.2 "温比亚"在渤海期间威海雷达站观测结果分析

图 7.13 为七级台风"温比亚"于 2018 年 8 月 20 日 12～14 时途经渤海期间,威海高频地波雷达站观测的距离—多普勒分布图。从图可见,12 时电离层回波主要出现在 200～225 km 附近,Doppler 形态呈条形,分布范围为[−0.5 Hz,0 Hz]。12 时 30 分的电离层回波应该与 12 时大致相同,只是在距离域上有所扩展,并在 350 km 以上出现扩展电离层回波。13 时的电离层回波出现在240 km 附近,以上时间出现的均为 F 层电离层回波。14 时 F 层回波消失,在150 km 附近的 E 层出现弥散电离层回波,在距离单元和 Doppler 单元均有大幅扩展。

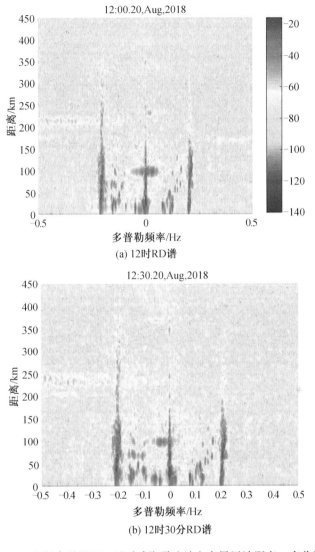

(a) 12时RD谱

(b) 12时30分RD谱

图7.13　七级台风"温比亚"时威海雷达站电离层回波距离—多普勒谱

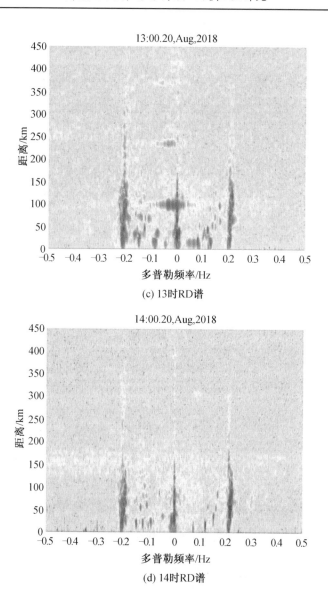

(c) 13时RD谱

(d) 14时RD谱

续图 7.13

　　对照结合图 7.12 某电离层回波的时频分布特征,同样发现台风期间电离层回波的 Doppler 特性明显,即大多呈现条形,在 Doppler 上扩展。由于威海雷达系统的天线尺寸、设备性能等均不如该 HFSWR,因此不如该 HFSWR 电离图那么清晰直观,但总体上两站观测到的电离层的 Doppler 分布形态特征相似。

本章参考文献

[1] KAZIMIROVSKY E , HERRAIZ M , MORENA B A D L . Effects on the ionosphere due to phenomena occurring below it[J]. Surveys in Geophysics, 2003, 24(2):139-184.

[2] CHOU M , LIN C , YUE J , et al. Concentric traveling ionosphere disturbances triggered by Super Typhoon Meranti (2016)[J]. Geophysical Research Letters, 2017, 44(3):1219-1226.

[3] SONG Q , DING F , ZHANG X , et al. GPS detection of the ionospheric disturbances over China due to impacts of Typhoons Rammasum and Matmo[J]. Journal of Geophysical Research: Space Physics, 2017, 122 (1):1055-1063.

[4] KONG J , YAO Y , XU Y , et al. A clear link connecting the troposphere and ionosphere: Ionospheric reponses to the 2015 Typhoon Dujuan[J]. Journal of Geodesy, 2017, 91:1087-1097.

[5] CHERNIGOVSKAYA M A, KURKIN V I, OINATS A V, et al. Ionosphere effects of tropical cyclones over the Asian region of Russia according to oblique radio-sounding data[C]// Novosibirsk, Russian: 20th International Symposium on Atmospheric and Ocean Optics: Atmospheric Physics, 2014, 9292: 92925E:1-9.

[6] VANINA-DART L B, SHARKOV E A. Main results of recent investigations into the physical mechanisms of the interaction of tropical cyclones and the ionosphere[J]. Izvestiya, Atmospheric and Oceanic Physics, 2016, 52(9): 1120-1127.

[7] 万卫星，徐寄遥. 中国高层大气与电离层耦合研究进展[J]. Scientia Sinica Terrae, 2014, 44(9): 1863-1883.

[8] FORBES J M, PALO S E, ZHANG X. Variability of the ionosphere[J]. Journal of Atmospheric and Solar-Terrestrial Physics, 2000, 62 (8): 685-693.

[9] HINES C O. Internal atmospheric gravity waves at ionospheric heights [J]. Canadian Journal of Physics, 1960, 38(11): 1441-1481.

[10] HUANG Y N, CHENG K, CHEN S W. On the detection of acoustic-gravity waves generated by typhoon by use of real time HF Doppler

frequency shift sounding system[J]. Radio science, 1985, 20(4): 897-906.

[11] 肖赛冠,张东和,肖佐. 台风激发的声重力波的可探测性研究[J]. 空间科学学报,2007, 27(1):35-40.

[12] SATO K. Small-scale wind disturbances observed by the MU radar during the passage of Typhoon Kelly[J]. Journal of the atmospheric sciences, 1993, 50(4): 518-537.

[13] DHAKA S K, CHOUDHARY R K, MALIK S, et al. Observable signatures of a convectively generated wave field over the tropics using Indian MST radar at Gadanki (13.5°N, 79.2°E)[J]. Geophysical research letters, 2002, 29(18): 19-1-19-4.

[14] KE F, WANG J, TU M, et al. Morphological characteristics and coupling mechanism of the ionospheric disturbance caused by Super Typhoon Sarika in 2016[J]. Advances in Space Research, 2018, 62(5): 1137-1145.

[15] YANG Z, LIU Z. Observational study of ionospheric irregularities and GPS scintillations associated with the 2012 tropical cyclone Tembin passing Hong Kong[J]. Journal of Geophysical Research: Space Physics, 2016, 121(5): 4705-4717.

[16] LI W, YUE J, WU S, et al. Ionospheric responses to typhoons in Australia during 2005-2014 using GNSS and FORMOSAT-3/COSMIC measurements[J]. GPS Solutions, 2018, 22(3): 61.

[17] LI W, YUE J, YANG Y, et al. Analysis of ionospheric disturbances associated with powerful cyclones in East Asia and North America[J]. Journal of Atmospheric and Solar-Terrestrial Physics, 2017, 161: 43-54.

[18] 刘依谋,王劲松,肖佐,等. 台风影响电离层 F_2 区的一种可能机制[J]. 空间科学学报,2006, 26(2):92-97.

[19] CHEN S, HUANG W, GILL E W. First-order bistatic high-frequency radar power for mixed-path ionosphere-ocean propagation[J]. IEEE Geoscience and Remote Sensing Letters, 2016, 13(12): 1940-1944.

[20] 肖赛冠,郝永强,张东和,等. 电离层对台风响应的全过程的特例研究[J]. 地球物理学报,2006, 49(3):623-628.

[21] 肖佐. 近年来中国电离层物理研究进展[J]. 地球物理学报, 1997(S1): 21-28.

第 8 章 结 论

本书以 HFSWR 电离层回波作为研究对象,以高频相干散射机理贯彻通篇,建立了针对电离层回波的广义距离方程,并完善了 FMCW/FMPCW 体制下后向散射天波传播路径的电离层回波模型,量化了电离层小尺度等离子不规则体与大尺度 TIDs 对 HFSWR 的影响,联合垂测仪对电离层特征参数进行了估计,并对台风与电离层关联机理开展探索性研究。本书取得如下创新成果与结论:

(1)针对电离层分布特性和高频相干散射物理机制推导出 HFSWR 电离层广义距离方程,并利用实测数据验证了雷达方程的正确性。针对电离层独特的分布特性,建立了面目标和体目标分布式雷达方程,并利用不规则体对高频电磁波的相干散射原理对电离层 RCS 散射系数进行估计,从而推导出基于电离层物理机制的广义雷达方程。最后结合实测数据,对垂直反射传播路径 F 层不规则体电子密度、等离子体频率和漂移速度进行估计,并与 IRI-2016 模型进行比对分析,验证了该雷达方程的正确性。

(2)基于 Walsh 电磁散射模型及相干散射原理,建立 HFSWR 在 FMCW/FMPCW 体制下的电离层回波理论模型。联合垂测仪与 HFSWR 实测数据,验证了电离层回波机理。首先拓展了 FMCW/FMPCW 体制下垂直向路径电离层回波模型,其次建立了适合于中纬度地区的斜后向散射路径电离层回波模型。通过对电离层状态参数与雷达参数的全面仿真,提炼出对 HFSWR 电离层回波起关键决定性作用的变量,即影响电离层回波强度的变量有雷达频率、入射角、不规则体波动、磁倾角等,以不规则体波动为最主要因素;影响 Doppler 展宽的有入射角、不规则体半径等,以不规则体半径为最主要因素。最后,联合垂测仪与 HFSWR 实测数据,对斜后向散射传播路径 E 层不规则体平均电子密度波动进行估计,结果显示不规则体 Doppler 分布特性更为显著,即电离层回波来自数个不规则体沿着不同方向运动的叠加。

(3)通过提取电离层回波在距离域、时域和 Doppler 域的分布特征,对台风-电离层关联机理开展探索性研究,利用台风期间实测数据,验证了大气结构中对流层-平流层-中间层-电离层之间存在耦合联动效应的物理机制。通过2016 年东海强台风"鲇鱼"和 2018 年渤海台风"温比亚"期间 HFSWR 站实测数据,获取了电离层回波在距离域、时域和 Doppler 域的分布特征,并观测到电离层回波中准周期正弦"S"形的 TIDs 形态,这与地球物理学认为台风激发的重力波上传至电离层引起 TIDs,大气结构中对流层－平流层－中间层－电离层之间存在耦合联动效应的物理机制研究结论一致。此外,还观测到台风临近雷达时反而不易观测到电离层结构扰动;电离层回波的 Doppler 特性非常显著,常在 Doppler 单元呈现"条形"均匀展宽形态等分布规律。

HFSWR 电离层回波既与雷达工作参数有关,又与电离层状态相关,因此呈现出非常复杂多变的分布特性。本书研究内容只是电离层领域的冰山一角,后续还有待更深入的研究,作者拙见如下:

(1)深入研究 HF 电波在电离层中传播机理。电离层回波本质上是 HF 电磁波与电离层相互作用的产物,对 HF 波束与电离层之间物理机制过程的研究,会加深拓宽对 HFSWR 电离层回波物理特性的认识,有助于促使 HF 天波、地波及天地波超视距雷达探测性能的进一步突破。

(2)建立适合 HFSWR 电离层回波的数学模型。虽然本书已经初步建立了关联雷达参数与电离层状态的数学模型,但其理论深度及估计精度均不足够。虽然目前国内外文献有大量的 HF 电波传播模型,但不一定适合 HFSWR 系统,而且现有的 HFSWR 电离层回波模型变量众多,很多结论甚至矛盾不一。只有善加甄别,提炼出关键参数和变量函数,才能切实有效地提升雷达系统性能。希望未来有精通雷达信号处理,同时深谙电离层物理机制的有志之士,能建立起更全面、深入、适合的 HFSWR 电离层回波模型。